GEFÄHRTEN DER ATOMBOMBE

*Für Wolfram K., Dresden (*1935 – † 1968)*

Peter Kirsten

GEFÄHRTEN DER ATOMBOMBE

Klaus Fuchs und Carl Friedrich von Weizsäcker

Zwei Physiker im Sog des nuklearen Wettrüstens

DIETZ

Bibliografische Information der Deutschen Nationalbibliothek

Die Deutsche Nationalbibliothek verzeichnet
diese Publikation in der Deutschen Nationalbibliografie;
detaillierte bibliografische Daten sind im Internet
über *http://dnb.dnb.de* abrufbar.

ISBN 978-3-8012-0696-3

Verlag J. H. W. Dietz Nachf. GmbH
Dreizehnmorgenweg 24, 53175 Bonn
Tel. 0228/18 48 770 | info@dietz-verlag.de

Umschlag:
Jens Vogelsang, Aachen

Umschlagbilder:
Carl Friedrich v. Weizsäcker: © picture alliance / ASSOCIATED PRESS | KURT
STRUMPF / Klaus Fuchs: © Sammlung Dieter Hoffmann

Satz:
Kempken DTP-Service | Satztechnik · Druckvorstufe · Mediengestaltung, Marburg

Druck und Verarbeitung:
Hunter Books GmbH

Printed in Estonia 2025

Inhalt

Vorwort

Teile dieses biografischen Essays sind an einem kleinen Ort im Süden des Peloponnes, dem »Herzen Griechenlands«, entstanden. Er heißt Gythion und war in der Antike Hafenstadt des kriegerischen Spartas, das nur etwa 40 Kilometer weiter nördlich lag. Wer hier zu Besuch kommt, wird angehalten, in die Mythologie der Griechen einzutauchen. Eine Geschichte erzählt davon, wie der trojanische Prinz Paris die »schöne Helena«, Frau des Königs Menelaos von Sparta, geradewegs vom Thron entführte. Auf ihrer Flucht nahm das Paar auf der versteckten Insel Kranei, die Gythion vorgelagert ist, für eine Nacht Quartier. Dann verschwand es nach dem sagenumwobenen Troja und löste einen zehrenden Krieg aus. Wer sich tiefer in das antike Hellas versenkt, wird bald auf Demokrit aus Abdera und seine geheimnisvollen Atome stoßen, die er vor mehr als 2.400 Jahren postulierte, und er wird hier im Idyll auf die verstörende und ängstigende Aura verwiesen, die geläufige Begriffe wie Atomkraft oder Atomenergie, Atommüll, Atom-U-Boot, Atombombe – und noch übler Atomkrieg und Atomtod – heute umgeben. Welch ein Wandel! Wofür diese Wörter stehen, gehört zum Erbe der Atom- und Kernphysik des vergangenen Jahrhunderts. Es wird also um dieses Fach, aber auch um die deutsche Geschichte gehen. In Deutschland ist man mit dem Nutzen und den Risiken der Atomkraft sehr viel dringlicher und folgenreicher umgegangen als in anderen Ländern Europas. Wichtiger als dies ist allerdings Folgendes: Nur wenige Monate vor Beginn des Zweiten Weltkriegs wurde am Rand Berlins eine Entdeckung gemacht, die zeigte, dass trotz vieler, ja revolutionärer Erkenntnisse, die in den Jahren zuvor schon gemacht wurden, längst noch nicht alle Geheimnisse des Atoms gelüftet worden waren. Otto Hahn und Fritz Straßmann hatten mit Unterstützung von Lise Meitner, die kurz vor jener Entdeckung nach Stockholm emigrieren musste, herausgefunden, dass sich der Kern des schweren Uranatoms durch den Beschuss mit Neutronen spalten lässt. Dieser Befund löste eine spektakuläre Resonanz in der Physiker-Community Europas und der USA aus. Man gab sich begeistert und verstört, denn hier zeichnete sich ein Weg für die Freisetzung von Atomenergie ab. Die Atomphysik ist, wie jede wissenschaftliche Disziplin, ein internationales Geschäft.

In diesem Essay wird die besondere Aufmerksamkeit auf die beiden Physiker Klaus Fuchs und Carl Friedrich von Weizsäcker gerichtet. 1930, als beide sehr jung, im Alter von 18 und 19 Jahren, in Leipzig ihr Studium begannen, umgab das Atom noch keine verstörende oder gar ängstigende Aura. Das Atom wurde von der Hypothese in den Stand der Realität erhoben. Das von Niels Bohr entworfene Atommodell mit seinen »Planetenbahnen« hatte breite Bildungsschichten erreicht, und die von ihm, von Max Planck, Albert Einstein, Max Born, Paul Adrien Dirac, Werner Heisenberg und Erwin Schrödinger ausgearbeitete Quantenphysik erlebte ihre Hochzeit. Die Theoretiker prägten diese Jahre, jene, die mit dem Rüstzeug der Mathematik neue Erkenntnishorizonte öffnen konnten. Diese Fortschritte waren geeignet, Leidenschaft und Hoffnung zu entfachen, denn sie verhießen ein sehr viel genaueres Naturverständnis.

Wer als junger Student dem verlockenden Ruf der theoretischen Physik und ihrer neuen Quantentheorie folgen wollte, musste über eine mathematische Begabung auf höchstem Niveau verfügen. Bei der Frage, welchen Weg sie einschlagen sollten, stand für Klaus Fuchs wie Carl Friedrich von Weizsäcker irgendwann eine Entscheidung an. Was ihre Fähigkeiten betraf, gab es keine Schranken, die einem ambitionierten Aufbruch im Wege gestanden hätten. Anders sah es da mit den äußeren Umständen und politischen Verhältnissen aus. Seiner kommunistischen Überzeugung wegen musste Klaus Fuchs schon nach wenigen Semestern vor dem zunehmenden nationalsozialistischen Terror aus Deutschland fliehen. Carl Friedrich von Weizsäcker studierte und forschte hingegen in Deutschland weiter. Sie gingen politisch unterschiedliche Wege, blieben aber beide leidenschaftlich der Physik verbunden. Niemand ahnte in den 1930er-Jahren vor Ausbruch des Zweiten Weltkriegs, dass die Erkenntnisse der Physiker unausweichlich auf ein Jahrtausendmenetekel zuliefen, nämlich auf das Wissen über den Bau der wohl furchterregendsten Waffe, die der Mensch je geschaffen hat.

Hitlers Krieg hat den Forschenden weltweit Entscheidungen abverlangt, die weit über ihr Fach hinausreichten. So zum Beispiel Albert Einsteins Unterschrift auf einem Brief an Präsident Roosevelt, in dem er vor einer Atombombe Hitlers warnte und damit seinerseits die Entwicklung der monströsen Waffe in Amerika beförderte. Weniger bekannt ist hingegen, dass der Däne Niels Bohr später mit seinem ganzen Ansehen dafür warb, diese Entwicklung gegenüber der Sowjetunion nicht geheim zu halten, sondern mit ihr zu kooperieren. Er ahnte, dass dem gegenseitigen Misstrauen andernfalls ein tödliches Wettrüsten folgen würde.

Die Karrieren von Klaus Fuchs und Carl Friedrich von Weizsäcker machten beide zu herausragenden Gestalten der deutschen Wissenschaftsgeschichte. Nicht nur, weil beide in Leipzig studierten, gleich alt ihren Aufbruch in die Sphären von Mathematik und Physik begannen und später als hochprofessionelle Theoretiker dem gleichen Fach dienten, sondern vor allem, weil sie zu Mitgestaltern des Atombombenprojekts in den sich feindlich gegenüberstehenden Lagern des Zweiten Weltkrieges wurden. Klaus Fuchs war als einer der Jüngeren beteiligt am »Manhattan-Projekt« der Amerikaner, also an der Konstruktion der ersten Atombombe, und verriet die Geheimnisse an die Sowjetunion. Carl Friedrich von Weizsäcker forschte im »Uranverein«, einem Zusammenschluss von Wissenschaftlern und Instituten in Hitlerdeutschland zur Erforschung der Kernenergie zu militärischen Zwecken, zusammen mit Werner Heisenberg. Auch dort hieß ein Ziel: Bau einer Atombombe. Das eigentliche, ausufernde atomare Wettrüsten und der Kalte Krieg begannen erst nach Kriegsende und nach dem epochalen Schock von Hiroshima und Nagasaki. Diese Jahre bargen für die Physiker tiefgreifende Zäsuren. Sie sahen sich massiven Vorwürfen ausgesetzt und versuchten, durch mahnende Worte und Appelle auf die Politik einzuwirken. Carl Friedrich von Weizsäcker empfahl sich als international geachteter und einflussreicher Friedensforscher der Bundesrepublik. Klaus Fuchs erhob erst in den 1960er-Jahren seine warnende Stimme, nachdem er aus britischer Haft entlassen worden war und in der DDR ein zweites Leben begann. Eine Anstrengung, die beide Männer verbindet – freilich immer im Sinne der jeweiligen politischen Überzeugungen.

Heute, bald 80 Jahre nach dem Inferno von Hiroshima und Nagasaki und nach drei Jahrzehnten, in denen die atomare Gefahr gebannt schien, tauchen in den Abschreckungs- und Bedrohungsszenarien vieler

Staaten Kernwaffen wieder als Option auf. Dazu passt, dass außerhalb Japans die jährlichen Gedenktage für die Opfer der Atombombenabwürfe zu rituellen Akten erstarrt sind, bei denen das unsägliche Leid, das sie verursachten, nur noch flüchtig aufscheint und das Entsetzen verdrängt worden ist. Die Vergabe des Friedensnobelpreises an die japanische Organisation Nihon Hidankyo mit ihrer Sammlung von Augenzeugenberichten der Überlebenden des Infernos muss als Aufruf verstanden werden, diese Geschichtsvergessenheit zu überwinden.

Konfliktforscher sind uneins darüber, ob die Abwesenheit eines Atomkrieges seit 80 Jahren wegen oder doch eher trotz der nuklearen Abschreckung erreicht wurde. Fehlalarm, Fehleinschätzungen waren immer möglich. Ihr fragiler Mechanismus setzt die Vernunft der militärischen und politischen Entscheidungsträger voraus. Aus ihrem umfassenden Wissen heraus hatten Carl Friedrich von Weizsäcker und Klaus Fuchs auf eine rasche Lösung des gefährlichen Konflikts um SS20- und Pershing-II-Raketen Anfang der 1980er-Jahre gedrungen. Die Sorgen Hunderttausender in der Bundesrepublik artikulierten sich damals im Protest gegen den sogenannten NATO-Doppelbeschluss. Noch kurz vor seinem Tod, im Januar 1988, erfuhr Fuchs vom Abschluss des INF-Vertrages zwischen den USA und der Sowjetunion, der den Abbau von Mittelstreckenraketen und Marschflugkörpern zum Ziel hatte und einen der größten Erfolge im Bemühen um Abrüstung und Sicherheit in Europa darstellte. Am 1. Februar 2019 hat US-Präsident Donald Trump den Vertrag einseitig gekündigt und alle Bemühungen zu Makulatur gemacht.

Die Atomphysik gibt es natürlich immer noch, und den leidenschaftlichen Erkenntnisdrang jener, die sich ihr verschrieben haben, auch. Ihre Innovationskraft hat weiter zugenommen, allerdings für die Forschenden auch immer wieder Konflikte mit sich gebracht. Aus der Synthese von Physik und Informatik, von Hardware und Software, von Mikrochips und Kriegsgerät werden Tötungseinheiten ganz neuer Dimension entworfen. Hier stellen sich ähnliche Fragen nach einem verantwortlichen Handeln wie jene, die Klaus Fuchs und Carl Friedrich von Weizsäcker umtrieben; leider ohne ein vergleichbares öffentliches Interesse.

Russischer Atomspion und linientreuer Kommunist der eine, Mahner und Lehrer der Nation in Friedensfragen der andere – solche Etiketten begleiten das Wirken von Klaus Fuchs und Carl Friedrich von Weizsäcker bis heute. Sie sind, was sie sind – die üblichen Verkürzungen. Diese Physiker, die voneinander wussten, sich im Leben aber nie begegnet sind, vielleicht sogar gemieden haben, tauchen hier zum ersten Mal gemeinsam auf. Auf den ersten Blick scheint es, als wäre das ein Einfall des Autors gewesen. Im Grunde aber steht der Auftrag der Geschichte dahinter, nämlich in einer Weise von ihrem Leben, ihrer Arbeit und ihren inneren wie äußeren Konflikten zu berichten, die uns klüger macht.

13. Februar 2025, Peter Kirsten

1
Standortwechsel

An einem Spätsommertag im Kriegsjahr 1942 ist der Atomphysiker Klaus Fuchs auf dem Weg nach Banbury, einem Ort etwa 60 Kilometer von der Industrie- und Universitätsstadt Birmingham entfernt. Banbury ist Verwaltungssitz und Wirtschaftszentrum der Region am River Cherwell. Etwas weiter südlich befindet sich ein für Schulungen genutzter Flugplatz des Bomber Command der Royal Air Force. Fuchs will sich mit einer Kontaktperson des sowjetischen Geheimdienstes treffen. Etwas außerhalb der Stadt, in ländlicher Umgebung, soll das Treffen stattfinden.

Die Gedanken von Klaus Fuchs gehen in diesem Sommer immer wieder nach Osten, Richtung Sowjetunion, die vor etwa einem Jahr von der deutschen Wehrmacht überfallen worden war. In den Nachrichten werden verstörende Meldungen über das Kriegsgeschehen verbreitet. Auf dem fernen Elbrus, dem höchsten Berg am Rande Europas, hat Hitlers Wehrmacht die Reichskriegsflagge gehisst. Vorher schon wurde Sewastopol erobert. Diese Hafenstadt im Süden der Krim, ganz in der Nähe von Jalta, galt als uneinnehmbare Festung. Im Juli hatte die Rote Armee dem Ansturm der deutschen Truppen nicht mehr standhalten können, fast 100.000 Soldaten mussten in die deutsche Kriegsgefangenschaft. Mit Sewastopol bekam die Wehrmacht die Krim vollständig in ihre Hand. Dem Vernichtungskrieg Hitlers, so schien es noch in diesem Sommer, konnte kaum etwas entgegengesetzt werden. Auch die groß angekündigte Unterstützung des Vereinigten Königreiches für die Sowjetunion blieb hinter dem, was für eine wirksame Hilfe erforderlich war, weit zurück.

Seit einem Jahr gehört Klaus Fuchs zu einer geheimen Gruppe von Physikern, die den Bau einer Atombombe plant. Als er aus Edinburgh nach Birmingham kam, war die Luftschlacht über England längst zugunsten Englands entschieden. Doch im November hatte Görings Luftwaffe Birmingham noch einmal angegriffen und Teile davon zerstört. Bombenangriffe und die Angst vor ihnen prägten die Kriegsjahre des Vereinigten Königreichs. Die Gruppe deutscher Emigranten, die in England ihre exzellenten wissenschaftlichen Fähigkeiten in den Dienst der neuen Waffe stellten, hatte von höchster Stelle grünes Licht bekommen. Das Projekt war allerdings nicht die einzige kriegswichtige Forschung. Man verfolgte mit großem Aufwand auch die Entwicklung des RADAR, dem damals eine noch höhere Priorität für die Landesverteidigung zugemessen wurde als der Bombe. Dieses Projekt, an dem nur englische Wissenschaftler arbeiten sollten, band einen spürbaren Teil der heimischen Physiker. Für die Entscheidung, den Weg zum Bau einer Atombombe einzuschlagen, war nicht nur ihre ungeheure Zerstörungskraft ausschlaggebend. Mindestens ebenso schwer fiel ins Gewicht, dass Hitler eine solche Waffe möglicherweise zuerst in die Hand bekommen könnte. Jetzt, im Juni 1942, legte die Gruppe einen Abschlussbericht vor, der ziemlich genau diese Entwicklung prognostizierte.

Fast zur gleichen Zeit erhielt Klaus Fuchs die britische Staatsbürgerschaft.

Mit seinem Wechsel nach Birmingham hatte er den Ideenkreis des Pazifismus endgültig verlassen. Eine pazifistische Auffassung hatte er sich eigentlich nie zu eigen gemacht, aber der Gedanke an seinen Vater in Deutschland und an seinen verehrten Lehrer Max Born in Edinburgh, die jegliche Waffengewalt entschieden ablehnten, hatte ihn zu einer zurückhaltenden Sicht bewogen. Was ihn aber in diesen Tagen antrieb, seine Haltung zu ändern, war seine Entscheidung, der verbündeten Sowjetunion im Kampf gegen Hitlerdeutschland zu helfen. Das ließ sich nicht durch und durch rational begründen, aber das Schicksal seiner älteren Schwester Elisabeth wirkte hier sicherlich mit: Im Widerstand gegen die Nazis und den anhaltenden faschistischen Terror hatten sie die Kräfte verlassen.

Die Ungewissheit über das Schicksal ihres Ehemannes Gustav Kittowski, der aus dem Lager Dessau-Roßlau nach Prag fliehen konnte, hatte sie niedergedrückt. Nach dem Einmarsch Hitlers in die Tschechoslowakei nahm sie sich im August 1939 das Leben. Darüber sind inzwischen drei Jahre vergangen. Aber der Hass gegen das Übel, das Elisabeths Schicksal besiegelt hatte, brannte seitdem weiter und trägt nun entschieden zu seinem Handeln bei. Er kann nur sein geheimes Wissen über den Aufbau einer Atombombe anbieten. Das sind noch keine Konstruktionsdetails, aber man sollte die Sowjetunion auf die Möglichkeit der neuen Waffe hinweisen, man sollte die Physiker dort über die Ernsthaftigkeit unterrichten, mit der in England seit einem Jahr gearbeitet wird. Und einige Ergebnisse, die er selbst gefunden hat, dürften auch nützlich sein. Solche

Informationen weiterzugeben, bedeutet mindestens Geheimnisverrat zu begehen, vielleicht sogar Hochverrat, der von seiner Majestät in Kriegszeiten mit der Todesstrafe geahndet werden kann.

In Berlin wartet im gleichen Sommer 1942 der Atomphysiker Carl Friedrich von Weizsäcker auf seine Berufung an die Reichsuniversität Straßburg. Wenn er sie erhalten sollte, wäre er der jüngste Professor für Theoretische Physik in Deutschland. Doch zurzeit arbeitet er im idyllischen Berliner Stadtteil Dahlem am renommierten Kaiser-Wilhelm-Institut für Physik, dessen Direktor der Nobelpreisträger Werner Heisenberg ist. Hier treibt eine Gruppe von Wissenschaftlern ihre Forschungen zur Urankernspaltung voran. Die Atombombe ist als Option im Gespräch.

Der Kriegsverlauf scheint günstig zu sein. Deshalb blickt man hier anders in die Zukunft als in Birmingham. Man glaubt an einen Sieg Hitlers. In der Reichshauptstadt sind die Cafés, Kinos und Theater gut besucht. Auf dem Ku'damm beherrscht trotz Krieg Normalität das Leben. Dass in diesem Sommer 14.000 jüdische Bürger aus der Stadt verschwunden sind – davon nimmt kaum jemand Notiz. Mit dem Glauben an den Sieg entstehen Projekte, die über die doch begrenzte, planbare Zeit weit hinausweisen.

Eines von diesen Projekten war die Reichsuniversität Straßburg. 1941 hatte man mit dem Gründungsprozess begonnen, kurz nach Frankreichs Kapitulation und der Annexion des französischen Elsass. Straßburg sollte eine Musteruniversität werden mit den besten Wissenschaftlern des Reiches im Kollegium. Über 100 Professuren wurden ihr dafür zugestanden, was eine kaum zu steuernde Bewerbungsflut auslöste. Die Einflussnahme von Parteizirkeln der NSDAP auf die Auswahlverfahren verzögerte die Besetzung der Stellen. Im November 1941 wurde die Reichsuniversität Straßburg schließlich feierlich eröffnet. Bis zu diesem Zeitpunkt konnte erst die Hälfte der ordentlichen Professuren besetzt werden.

Auch Carl Friedrich von Weizsäcker galt als Anwärter für Straßburg, allerdings wurden bei dieser Personalie Einsprüche laut, die einem positiven Bescheid längere Zeit im Wege standen. Dabei passte sein fachliches Profil recht gut zu den Vorstellungen der Universitätsleitung, wenn man die Appelle bei der Eröffnung im November ernst nahm. Da

Klaus Fuchs, um 1937

Carl Friedrich Freiherr von Weizsäcker, 1938

war von der führenden Position Deutschlands in der Atomforschung die Rede, die bewahrt und weiter ausgebaut werden müsse.

Ende September 1942 erhielt Weizsäcker, gerade dreißig Jahre alt geworden, endlich den Ruf nach Straßburg, um im Wintersemester 1942/43 mit seinen Vorlesungen zu beginnen.

Klaus Fuchs und Carl Friedrich von Weizsäcker haben damals keine Kenntnis voneinander, es gibt aber frühe Gemeinsamkeiten. Beide Physiker treffen zur gleichen Zeit Entscheidungen, die aus ihrem Leben, ihrem sozialen Hintergrund und ihren Überzeugungen erwachsen sind. Beide sind in Deutschland geboren – rund zwei Jahre vor Beginn des Ersten Weltkrieges. Beide stammen aus einem protestantischen Elternhaus und wurden mit mehreren Geschwistern groß. Die Natur hat sie mit einer hohen Begabung für Mathematik und einer unbändigen Neugier ausgestattet. Beide sollten in virtuoser Weise die neue Atomphysik erobern. Ihre Lebenswege sind einmalige Zeugnisse, vergleichbar, aber kaum erklärbar. Ihr Geheimnis ist das Verborgene, das den Unterschied macht.

2
Im Sog der Wissbegierde

2.1 Prägungen

Man sagt, dass Lehrer, denen es gelang, bei ihren Schülern die Liebe zu einem Fach zu wecken, von ihnen nie vergessen werden und zeitlebens im ehrenden Gedächtnis bleiben. Mit diesen Lehrern der Kindheit und Jugend beginnt die Eroberung von Wissen. Ganz am Ende des Weges tauchen für einige die Lehrer einer Generation und einer Epoche auf. Ihnen begegnet man auf dem Feld der Wissenschaft. Es sind die überragenden Gestalten, die ihrem Fach eine neue Theorie geschenkt haben und die Forschung in neue Bahnen lenkten, auf denen sich die Jungen und Nachkommenden dann zu beweisen haben. Diese Lehrer sind im Gedächtnis der Geschichte aufgehoben. Zu ihnen gehören in der Physik de 20. Jahrhunderts Werner Heisenberg, dem Carl Friedrich von Weizsäcker nahestand, der Mathematiker und Physiker Max Born, den Klaus Fuchs zeitlebens verehrte, und über allen der Pionier der modernen Quantenphysik Niels Bohr, zu dem alle aufschauten.

Bei Klaus Fuchs tauchte ein prägender Lehrer zum ersten Mal in den Jahren am Gymnasium auf. Der Mathematiklehrer hat auch Physik und Chemie unterrichtet, was sehr vorteilhaft gewesen sein dürfte, wenn man das gepflegte Nebeneinanderher der verschiedenen Stoffe überwinden wollte. Die Begeisterung für die Schule und das Lernen war von Anfang an vorhanden und ließ nie nach, was den guten Einfluss seiner Lehrer belegt. Seine Vorliebe für die Mathematik zeigte sich schon früh in spielerischen Nachahmungen. So soll er sich zu Hause gern aus Holzstäbchen ein Klassenzimmer gebaut haben, wo er, quasi vor leeren Bänken, den Lehrer spielte. Es schien, dass sich Klaus, jedenfalls in seinem Lieblingsfach Mathematik, selbst genug war.

Zu Ostern 1918 hatte der Vater Emil Fuchs in der thüringischen Industriestadt Eisenach eine Pfarrstelle übernommen. Das bedeutete einen Wechsel von einem Autostandort zum anderen, von der Adam-Opel-Stadt Rüsselsheim in die Stadt, wo der beliebte »Dixie« gebaut wurde und später der elegantere BMW. In beiden Städten gab es eine große Arbeiterschaft, große soziale Verwerfungen ebenfalls. In Frankreich und Belgien tobte unvermindert der menschenfressende Stellungskrieg. Mit der laufenden Frühjahrsoffensive hatten sich unter den deutschen Generälen noch einmal die Kräfte durchgesetzt, die einen Siegfrieden für möglich hielten. Der Irrtum kostete wieder viele Tausende das Leben.

Pfarrer Fuchs hatte Eisenach einem ländlichen Idyll vorgezogen. Ganz in der Nähe der Wartburg bezog die sechsköpfige Familie eine Wohnung, ein Pfarrhaus gab es noch nicht. Sie lag am Hang etwas oberhalb der Stadt, was, wegen der besseren Luft, der Mutter guttun sollte. Klaus war damals sechs Jahre alt, klein soll er gewesen sein, zart. Er nahm die Mitte im Kinderreigen der Familie Fuchs ein. Vor ihm waren Elisabeth und Gerhard, nach ihm kam die jüngste Schwester Christel. Die Familie pflegte eine rege Gesprächskultur am Tisch, Gäste gehörten zum Alltag, und vor allem zollte der Vater den Naturwissenschaften seine Aufmerksamkeit. An der Eisenacher Volkshochschule, deren Gründung er mit viel Energie vorantrieb und deren Leitung er dann auch übernahm, stand die naturwissenschaftliche Bildung in den Lehrgängen ganz oben. Er meinte, dass dieser Teil des Bildungskanons für die Entwicklung eines selbstständigen Denkens unerlässlich wäre. So einverstanden die Kinder damit auch gewesen sein mochten – die beiden Brüder waren dann doch ärgerlich, als sie vom Vater nachdrücklich angehalten wurden, den Büchern von Karl May zu widerstehen, die bei ihnen und ihren Altersgenossen so beliebt waren.

Eisenach sollte ein neues Pfarrhaus erhalten. Emil Fuchs wollte, dass es inmitten des Armenbezirkes der Stadt gebaut wird. Das Ansinnen stieß zunächst auf Widerstand, aber schließlich wurde der Standort genehmigt. Für Klaus hatte die neue Wohnung ungeahnte Folgen.

Seine große Begabung wurde schon mit Beginn der Schulzeit offenbar. Seit Beginn der fünften Klasse besuchte er das Carl-Friedrich-Gymnasium, eine der ersten Adressen der Stadt, von Martin Luther mitbegründet. Johann Sebastian Bach zählte es einst zu seinen Schülern. Als Gymnasiast musste er die für die Sexta vorgesehene grüne Schülermütze tragen. Der Vater hatte bei der Wahl der neuen Adresse nicht bedacht, dass der tägliche Schulweg jetzt an den Häusern der Armen vorbeiführte. Gleich in den ersten Tagen weitete sich der Gang zu einem Spießrutenlauf aus, weil der gymnasiale Kopfputz, den er trug, überall recht spöttische Bemerkungen hervorrief. Seine Mütze verschwand sofort, die kleine Lektion, die er von den einfachen Leuten erhielt, hat er nie vergessen.

Die kommende Wirtschaftskrise führte zu einer immer größeren Arbeitslosigkeit und Not unter den Eisenacher Arbeitern. Das bedrückte den Pfarrer Fuchs, und doch gehörte es zu den selbst auferlegten Pflichten zu trösten und zu helfen. Er konnte das gut, auch dank seiner Verbindungen zu den Quäkern in der Schweiz. Manchmal nahm der junge Klaus an Weihnachtsbescherungen für die Armen teil. Das Elend, das er hier mit Händen greifen konnte, die gebückten Gestalten und verzweifelten Gesichter, haben den Jungen tief beeindruckt. In der Züricher Zeitung erschien eines Tages ein Artikel über Emil Fuchs und den Geist, der in seiner außergewöhnlichen sechsköpfigen Familie herrschte. Die Schilderung stellte eine Momentaufnahme vom Sozialgefüge der Weimarer Republik und eines ihrer aufrechten Bürger dar, die dem Leser eine Ahnung davon vermittelte, dass ihre Jahre gezählt waren. Es hatte sich herumgesprochen, dass die Fuchs-Kinder oft Schwierigkeiten bekamen, weil sie immer wieder für ihre Überzeugungen eintraten. Gerhard litt an Asthma. Das hielt ihn aber nicht davon ab, in seiner Schulklasse immer wieder einem jüdischen Mitschüler beizustehen, der ständig gedemütigt wurde. Auf dem Nachhauseweg bekam Gerhard dafür regelmäßig die Quittung. Mitschüler prügelten auf ihn ein. Nur durch Zufall erfuhr der Vater davon. Für Pfarrer Fuchs war diese von einem sozialen Gewissen bestimmte Nächstenliebe ein hohes, vielleicht das höchste Gut, das er bei seinen Kindern schützen und bewahren wollte. Die Anfeindungen und Übergriffe nahm er nicht hin, er ging sogar vor Gericht, um sie ahnden zu lassen. Das alles geschah in einer Zeit, als die bürgerliche Mehrheit in Eisenach sich schon dem Nationalsozialismus zugewandt hatte.

Pfarrer Fuchs betreute eine recht heterogene Gemeinde. Geschäftsleute und Handwerker gehörten zu ihr, auch Arme. Unterhalb der Wartburg auf der Feierwiese wurden manchmal Waldgottesdienste abgehalten, neben einer Linde in der Mitte der Wiese. Der Anspruch, dabei zu versöhnen, innezuhalten mit Gottes Hilfe, obwaltete hier. Dieses Idyll lebte den kurzen Augenblick. Die reale Welt hingegen verlangte danach, für ein soziales Gemeinwesen zu streiten. Emil Fuchs trieb diesen Anspruch in der Bewegung der religiösen Sozialisten voran.

Klaus hatte mit seiner mathematischen Begabung den Zugang zu einer verborgenen Welt stabiler Wahrheiten gefunden. Die Jahre am

Gymnasium wurden immer schwieriger, man wusste von seiner und des Vaters politischer Haltung. Die Schülergemeinschaft, die mehrheitlich aus Kaisertreuen bestand, schloss Klaus deshalb aus. Dennoch machte er 1930 das Abitur als Bester seines Jahrganges. Er war der Beste, ja, aber eine Ehrung vor versammeltem Auditorium der Schule, wie üblich, sollte es nicht geben. Klaus wurde zum Direktor gerufen, der ihm die Urkunde unter vier Augen überreichte. Sein Vater berichtete, wie Klaus nach dieser Demütigung nach Hause kam und mit dem Ausruf »Die sehen mich nie wieder« seine Bücher wütend in die Ecke warf. Solche Zornesausbrüche hatte er nur sehr selten.

An der Universität Leipzig konnte Klaus endlich seiner Leidenschaft folgen. Als Student der Mathematik wurde er zu einem raren Vertreter dieses Fachs, in dessen Geschichte politisches Handeln oder gar Rebellion nur kaum anzutreffen waren. Einer dieser seltenen Fälle war der junge Franzose Evariste Galois. Dieses mathematische Genie hatte sich nach der Julirevolution von 1830 den rebellierenden Republikanern angeschlossen. Die jungen Leute wollten sich mit dem faulen Tausch nicht abfinden, der das Ende der Bourbonenherrschaft mit der »Herrschaft des Geldes« besiegeln sollte. Galois kam mit 21 Jahren bei einem Duell ums Leben. Aber in der Nacht vor diesem Duell schrieb er auf wenigen Seiten eine neue, bahnbrechende Theorie auf, deren Bedeutung die Mathematiker erst Ende des 19. Jahrhunderts tiefer verstanden haben. In ihrer Zerrissenheit zwischen Politik und Mathematik waren sie sich ähnlich.

Klaus probierte, beidem zu genügen. Er wurde Vorsitzender der sozialdemokratischen Studentenschaft und liebäugelte mit dem »Reichsbanner«, dem militärischen Kampfbund der SPD. In zwei Briefen an den Rektor verlangte er, gegen die Umtriebe von Nazi-Studenten an der Universität vorzugehen. Die wissenschaftliche Neugier trieb ihn in die Vorlesungen von Werner Heisenberg, dem Direktor des Instituts für theoretische Physik.

Doch erneut stand ein Wechsel an. Emil Fuchs nahm nach den Eisenacher Jahren als Pfarrer – sein Haus war leer geworden – eine neue Herausforderung an. Die Pädagogische Akademie in Kiel hatte ihm eine Professur angeboten, die jetzt seinen Arbeitsalltag ausfüllte. 1931 kam

Klaus nach. Die Nähe zu den Eltern und zu seinem Bruder Gerhard, der inzwischen auch in dieser politisch rumorenden Stadt lebte, mochten Kiel für ihn attraktiv gemacht haben, vor allem aber die Anwesenheit eines weltberühmten Mathematikers, der ihm neue Impulse für das Studium gab. Die Begegnung mit Abraham Fraenkel hätte ein Glücksfall werden können. Von ihm hörte Klaus in seinen Seminaren von der Mengenlehre. Dahinter stand das Bestreben, das ganze Gebäude der Mathematik auf wenigen Grundaussagen, Axiome genannt, aufzubauen. Wenn es vorher seit Pythagoras hieß »alles ist Zahl«, sollte es nun »alles ist Menge« heißen. Fraenkel hatte Anfang der 1920er-Jahre für dieses Ziel einen entscheidenden Beitrag geleistet. Durch ihn wurde Klaus in das Zentrum mathematischer Diskurse eingeführt.

Ab und zu ließ sich Professor Fraenkel, zur Freude von Klaus, bei seinem Vater zu Hause sehen. Der 40-jährige Gelehrte kam gerade von einer Gastprofessur an der neu gegründeten Hebräischen Universität von Jerusalem zurück. Es gab also viel zu berichten, auch wenn die Mathematik mit Rücksicht auf den Hausherrn ein Nebenthema blieb.

Im August 1931 feierten die Eltern im Kreise der vier Kinder noch ihre Silberne Hochzeit. Die Mutter war froh, ihren Ältesten, Gerhard, wieder bei sich zu haben. Doch schon wenige Wochen später nahm sie sich, von schweren Depressionen geplagt, das Leben. Eine ungeheuerliche Katastrophe für die Familie. Elisabeth, die Älteste, die das tragische Geschehen im Hause Fuchs miterleben musste, traf es am härtesten.

Die politischen Ereignisse trieben Klaus in ein immer rastloseres Leben. Bei der Reichspräsidentenwahl 1932 warb er entgegen den Vorgaben seiner SPD, die auf Hindenburg setzte, offen für die Wahl Ernst Thälmanns. Er wurde aus der Partei ausgeschlossen und trat in die KPD ein. Flugblätter wurden geschrieben und verteilt, Wahlreden gehalten, man sah Klaus mit seiner Schwester Elisabeth zusammen unter kommunistischen Studenten. Er geriet ins Visier der Nationalsozialisten, die ihm nach dem Leben trachteten. Nach der Flucht aus Kiel setzte Klaus sein Studium in Berlin fort. Hier schloss er sich zusammen mit seinem Bruder Gerhard den »Roten Studenten« an. Die Führung der KPD ahnte, was kommen würde, und bereitete ihre Mitglieder auf die illegale Arbeit vor. Nach der Machtübernahme Hitlers stand Klaus auf einer Liste der

Gestapo für gesuchte Kommunisten. Er musste sein Studium abbrechen und aus Deutschland fliehen. Als Delegierter für den Weltfriedenskongress, der gerade stattfand, bestieg er den Zug nach Paris und verließ Deutschland auf dem Weg in eine ungewisse Zukunft, in der seine Ausbildung und die Mathematik vorerst keinen Platz mehr zu haben schienen.

Wilhelmshaven, eine junge Stadt, die am Reißbrett entstand, mit geraden Straßen und Carrés, in denen Kasernen und Wohnhäuser unterkommen konnten, war Ende des 19. Jahrhunderts buchstäblich aus dem Boden gestampft worden, zumeist unter Verwendung des roten Backsteins im Reichsformat. Die deutsche Marine bekam mit Wilhelmshaven einen modernen Hafen, der dazu beitragen sollte, sie auf den Weltmeeren groß zu machen – vor allem England gegenüber. So wollte es der Kaiser. Hierher wurde auch Ernst von Weizsäcker befohlen, der Vater von Carl Friedrich, als Offizier der Marine. Der Erste Weltkrieg und das sinnlose Sterben hatten aufgehört. Als Waffengattung des Verlierers versank die deutsche Flotte in der Bedeutungslosigkeit. An den Kasernen der Stadt tauchten rote Fahnen auf. Menschenmassen standen vor den Toren und sprengten sie auf. »Frieden« wurde gerufen. Hier in Wilhelmshaven erlebte die Familie von Weizsäcker das Ende von Größe und Macht des Kaiserreichs. Der Erstklässler Carl Friedrich sah die Revolutionäre. Als er nach Hause kam und seiner Mutter davon berichtete, dass nun Frieden sei, teilte sie die freudige Erregung nicht. Aus ihren Zügen sprach Entsetzen.

Die Weizsäckers gehörten einer alten württembergischen Familie an, protestantisch und liberal gesinnt. Einst verdienten die Weizsäckers als Müller im Hohenlohischen ihren Lebensunterhalt. Später gingen aus ihr Pfarrer, Gelehrte, Beamte und Offiziere hervor. Der Urgroßvater Carl Heinrich Weizsäcker erhielt Mitte des Jahrhunderts eine Professur in Tübingen. Eine gewisse Berühmtheit erlangte er mit seinem vielgepriesenen Hauptwerk »Das apostolische Zeitalter der christlichen Kirche«, in dem er die Erzählungen über Jesus historisch zu begründen suchte. Bei Emil Fuchs hinterließ das Buch einen tiefen Eindruck. Diese Wertschätzung blieb dem Sohn nicht verborgen.

Großvater Weizsäcker fiel es zu, letzter königlicher Ministerpräsident von Baden-Württemberg zu sein. 1918 musste der König samt seiner Regierung abdanken. Von den drei Söhnen nahm Carl Friedrichs Vater die Mitte ein. Auch in seine Familie riss der Krieg eine Lücke, als der ältere Bruder für Kaiser und Vaterland sein Leben ließ. Sehr jung, mit 18 Jahren, hatte Carl Friedrichs Vater Ernst eine Laufbahn in der Marine eingeschlagen. Nun, nach dem verlorenen Krieg, hatten Berufsoffiziere einen schweren Stand. Ernsts drei Kinder wollten versorgt sein. Auch er geriet in die Turbulenzen der Novemberrevolution. In Berlin sollte er sich um die Entlassung und Stellungssuche von Offizieren kümmern. Das geschah unter den Augen aufständischer Matrosen. Den vertraulichen Bericht eines Bewerbers, der ihm offenbarte, an der Ermordung von Rosa Luxemburg und Karl Liebknecht beteiligt gewesen zu sein, nahm er schweigend entgegen.

Berlin, das Machtzentrum des Reiches, wurde für den Offizier auf Zeit zum Sehnsuchtsort, wo er auf eine diplomatische Karriere hoffte. Allerdings gab es hier gewisse Vorbehalte gegenüber dem Adelsprädikat, die zunächst als Hemmschuh wirkten. Doch der neue Personalchef des Auswärtigen Amts erkannte die fachlichen Fähigkeiten von Weizsäckers und holte ihn endlich in den diplomatischen Dienst. Seinen künftigen Einsatzort durfte er aus mehreren Optionen selbst wählen. Er entschied sich für das Konsulat in Basel, wo er zunächst die Passabteilung übernahm. Schon nach wenigen Monaten wurde er zum Konsul berufen. In Basel war er auch wieder mit seiner Familie vereint. Die Karriere für den nicht mehr jungen Diplomaten, er war immerhin schon 40, hatte hoffnungsvoll begonnen.

Eine drehbare Sternenkarte ist ein wundersames Ding. Mit ihr kann man den Nachthimmel erforschen. Wenn Tag und Uhrzeit richtig eingestellt sind, zeigt die kleine Scheibe die zu diesem Zeitpunkt sichtbaren Sternenbilder. Verbindungslinien zwischen den Sternen machen die Bilder erkennbar. Wendet man dann den Blick nach oben zum Firmament, genügt ein Vergleich für das Auffinden der wirklichen Pracht. Der 1. August ist der Nationalfeiertag in der Schweiz, und der von 1924 sollte zu einem ganz besonderen für den zwölfjährigen Carl Friedrich werden. Zu seinem Geburtstag hatte er sich eine solche Sternenkarte gewünscht.

Mit ihr floh er aus dem Feiergetümmel und entdeckte die »unaussprechbare Herrlichkeit des Sternenhimmels«.

Für Angehörige des diplomatischen Dienstes gehörten Wechsel der Dienstorte zum normalen Geschäft. Für ihre Kinder, die die Schule besuchen mussten, war es nicht immer ganz einfach, ständig Abschied und Neuanfang erleben und ertragen zu müssen. Carl Friedrich hatte zuvor schon in Wilhelmshaven, Stuttgart und Den Haag gewohnt. In Basel musste sich sein Vater mit weit mehr als nur bürokratischem Kleinklein befassen. In der Schweizer Presse tauchten damals immer wieder Berichte über rechtsradikale und militaristische Entgleisungen in Deutschland auf. Das wollte der deutsche Konsul nicht einfach hinnehmen, und so versuchte er, diese Ereignisse im Licht des Versailler Vertrages und der französischen Härte bei den Reparationszahlungen zu erklären.

Noch im Jahr 1924 schickte ihn das Auswärtige Amt als Gesandten nach Kopenhagen. Hier konnte er bald feststellen, dass Dänemark für die deutsche Außenpolitik praktisch bedeutungslos war. Während er seinen täglichen Pflichten nachkam, geriet zwischen Berlin und Paris langsam etwas in Bewegung: Die Zeichen standen auf Annäherung der ehemaligen Feinde. Bei den sich anbahnenden Verhandlungen zu den Locarno-Verträgen kam Ernst nur die Rolle eines Kommentators zu. Seiner Auffassung nach hätte es zuerst um eine Verbesserung der Beziehungen zu Großbritannien gehen müssen. Die Linie von Außenminister Gustav Stresemann, der einen Ausgleich mit Frankreich anstrebte und das Rheinland von französischen Truppen befreit sehen wollte, kritisierte er heftig. Doch aus der Kopenhagener Perspektive mochte das Große und Ganze etwas aus dem Blickfeld geraten sein: Locarno brachte Friedenssicherung, sichere Grenzen und die Aufnahme Deutschlands in den Völkerbund. Der Visionär Aristide Briand und Gustav Stresemann erhielten dafür 1926 den Friedensnobelpreis.

Carl Friedrich fuhr in diesen Jahren in Kopenhagen oft mit dem Fahrrad in die Schule. Die Wahrnehmungen des 14-Jährigen gingen nun schon weiter und tiefer in Richtung Naturwissenschaften. Bei der Fahrt durch einen Buchenwald meinte er, hinter der Natur ihr geheimes Leben bis hin zu den kreisenden Atomen erahnt zu haben, von denen er gelesen hatte. Einmal reiste die Familie auf die Insel Spiekeroog, man gönnte sich bei einer Fischerfamilie sommerliche Urlaubswochen. Der feine Sand am Meer lud zum Bau von Strandburgen ein. Doch mit der Frage nach ihrer Beflaggung drang die aktuelle Politik in das Idyll. Die Farben der Republik, Schwarz-Rot-Gold, hatten es in Deutschland schwer. Oft, zu oft, tauchte noch die Flagge des Kaiserreiches auf und, immer öfter, die der Nationalsozialisten. Vater Ernst entschied sich für einen Kompromiss und ließ die württembergischen Farben an Spiekeroogs Strand wehen.

Noch in Kopenhagen lernte der junge Carl Friedrich Werner Heisenberg kennen, dessen Name zu dieser Zeit in der Fachwelt schon hoch geschätzt war. Das Zusammentreffen war kein Zufall, sondern eher vom Gespür der Mutter für das Außergewöhnliche gelenkt. Sie lud den jungen Physiker zu sich ein, nachdem sie ihn bei einem Klavierabend kennengelernt hatte, wo Heisenberg selbst als Solist auftrat.

So kam Werner Heisenberg in das Haus der Familie von Weizsäcker. Ein unauffälliger Mann klopfte da an, ein Blondschopf mit sportlich drahtiger Figur, jemand, der die Nacht sicher mühelos am Schreibtisch durcharbeiten konnte. Der Gast hörte sich geduldig die Schwärmereien des jungen Carl Friedrich über die Astronomie an. Am Ende riet er ihm, sich besser um theoretische Physik zu kümmern, denn sie sei es, die die Fragen des Wissbegierigen einmal beantworten könnte. »Dieser Besuch entschied über meinen Weg«, wird Weizsäcker später einmal bekennen.

Im Frühjahr 1927 wechselte Ernst von Weizsäcker mit seiner Familie wieder den Dienstort, nun endlich nach Berlin. In der Fasanenstraße in Charlottenburg bezogen die Weizsäckers eine komfortable Wohnung, allerdings konnte der Hausherr sie nur selten genießen. Man hatte ihn im Auswärtigen Amt zum Leiter des Abrüstungsreferats berufen und als solcher musste er oft nach Genf reisen, um dort von deutscher Seite an den Vorbereitungen für eine umfassende Abrüstungskonferenz teilzunehmen. Im Januar 1928 wurde er zusätzlich mit dem noch bedeutenderen Völkerbundreferat betraut. Die frustrierende Distanz zum Machtzentrum der Weimarer Republik schien nun endgültig überwunden zu sein. Die neue Nähe aber forderte ihm viel Selbstdisziplin ab, denn von Weizsäcker konnte im demokratischen Pluralismus und dessen Streitlust keinen wirklichen höheren Sinn erkennen. Im Gegenteil, er glaubte, die Demokratie sei für das Aufkommen radikaler Parteien wie der KPD und der NSDAP verantwortlich und außerdem viel zu ineffizient.

Für Carl Friedrich bedeutete der Wechsel wieder einmal: neue Schule, neue Klasse. In der Pfalzburger Straße, im Berliner Stadtteil Wilmersdorf, wurde Ende des 19. Jahrhunderts ein imposanter Schulbau im neugotischen Stil errichtet, dem der ehemalige Reichskanzler Otto von Bismarck seinen Segen gegeben hatte. Ernst, der Bismarck bewunderte, dürfte es sehr recht gewesen sein, dass sein Sohn dieses Gymnasium besuchen konnte. Der hatte gerade seine neue Klasse mustern können, da hörte er auf dem Schulhof aus dem Mund seines Banknachbarn Hans Friedensohn die neueste Losung: Das Ziel sei, so wurde ihm mit großer Überzeugung verkündet, die soziale Revolution.

Werner Heisenberg meldete sich mit einer Postkarte und schlug seinem jungen Freund vor, ihn in Berlin vom Zug abzuholen. Am Anhalter Bahnhof stiegen Carl Friedrich und er in ein Taxi, und während der Fahrt erzählte Heisenberg von einem neuen wissenschaftlichen Befund, der in die Kategorie der Superlative in der Physik gehörte. Es ging um etwas ganz Neues, um die Erkenntnis, dass der Ort und die Geschwindigkeit eines Elektrons niemals gleichzeitig genau gemessen werden konnten. So ein Verbot in der Wissenschaft zu behaupten, bedeutete etwas sehr Gewagtes, und es musste gut begründet sein. Der Junge verstand noch nicht alles, aber er fühlte sich geehrt, als einer der Ersten davon hören zu dürfen. Die Fachwelt erfuhr erst 1927 aus der »Zeitschrift für Physik« davon. Der Artikel trug die Überschrift »Über den anschaulichen Inhalt der quantentheoretischen Kinematik und Mechanik«. Für breitere Kreise wurde die Botschaft des Artikels unter dem Namen »Unschärferelation« berühmt. Sie führte zu vielen Diskussionen und forderte Skeptiker heraus. Diese mysteriöse Unschärfe oder auch Unbestimmtheit würde eine Grundaussage der neuen Quantenmechanik sein. Sie blieb auch nicht an das Elektron gebunden, bei dessen Untersuchung die neuen Überlegungen begonnen hatten, sondern galt universell, also für alle denkbaren Teilchen. Allerdings unter der Bedingung, dass diese Teilchen sehr klein sein müssen. Würde es jedoch gelingen, die Unbestimmtheit durch Experimente als falsch nachzuweisen, dann wäre auch die ganze von ihren Gegnern ungeliebte Quantenmechanik hinfällig.

1929 begann Carl Friedrich von Weizsäcker sein Physikstudium an der Leipziger Universität, ein Jahr früher als Klaus Fuchs. Werner Heisenberg hatte zwei Jahre vorher einen Ruf als Professor für theoretische Physik erhalten und leitete seither das gleichnamige Institut. Sein Name sorgte für einen regen Zulauf an jungen, begabten Physikern. Zu den Seminaren, die immer dienstags auf dem Plan standen, fanden sich wie früher in Göttingen erstklassige Köpfe ein. Manche dieser Namen erlangten später Weltruf.

2.2 Ankunft am Horizont

In den 1920er-Jahren, und auch noch Anfang der 1930er, wirkte in Europa auf wundersame Weise eine wissenschaftliche Gemeinschaft, die es so in dieser Intensität wahrscheinlich noch nie gegeben hatte. Die tiefen Gräben, die der Erste Weltkrieg hinterlassen hatte, schienen in dieser Gemeinschaft weniger folgenreich zu sein als in der übrigen Gesellschaft. In Deutschland hatte der Krieg große soziale und politische Umbrüche zur Folge. Die Weimarer Republik mit einer sozialdemokratisch dominierten Regierung prägte das Land. Einem guten Teil der akademischen Jugend, die in den Ländern der Sieger und Verlierer gleichermaßen ihren Weg suchte, gelang es, sich aus der »Lost Generation« zu lösen und ihren eigenen Zielen und Werten zu folgen.

Diese Gemeinschaft war gespickt mit Nobelpreisträgern. In ihren physikalisch-naturwissenschaftlichen Hochburgen gaben Physiker und Mathematiker von Weltruf den Ton an. Junge Studenten und Doktoranden von überall her, gewiss privilegiert, stießen dazu. Das große Interesse galt der aktuellen, von der Quantentheorie beherrschten Atomphysik. James Franck, Max Born und Werner Heisenberg forschten in Göttingen, Niels Bohr in Kopenhagen, Albert Einstein und Erwin Schrödinger in Berlin, Ernest Rutherford in Bristol. Besonders Göttingen und Kopenhagen waren in jenen Jahren für die Physik ein Mekka der gelehrigen

Jugend. Hier erschienen Robert Oppenheimer aus den USA, Patrick Blackett aus England, Edward Teller aus Ungarn, Lew Landau und George A. Gamow aus der Sowjetunion – Namen, die später in die Wissenschaftsgeschichte eingingen.

Diese Phase hochgespannter, gemeinschaftlicher Kreativität sollte etwa zehn Jahre andauern. In den ihrer Wissenschaft ergebenen, genialen Forschern, die in Deutschland arbeiteten, wuchs sachte ein Befremden, das stärker wurde, je mehr die Nationalsozialisten an Boden gewannen. Noch war deren Rassenideologie kein großes Thema, aber sie gehörte immerhin schon in das Angebotsrepertoire geistiger Diskurse. Die Auseinandersetzungen auf den Straßen und in den Köpfen nahmen an Heftigkeit wieder zu, nachdem die gewalttätigen und blutigen Kämpfe der Revolutionsjahre nach dem Ersten Weltkrieg abgeklungen waren. Wissenschaftler, die dicht an der Erkenntnisfront um neues Wissen rangen, mochten keine Konflikte außerhalb ihres Faches, und politische und ideologische Verfolgungen schon gar nicht. Der Exodus der Physikergemeinde hatte noch nicht begonnen, aber er war vorbestimmt.

Wenn man heute vom Hafen Helgolands das Unterland betritt, kann man wählen, ob man eine Tour durch die Geschäftsstraßen unternimmt oder gleich das Oberland erklimmt, um den großartigen, freien Blick übers Meer zu genießen. An einer Stelle des Weges liegt, seitlich, ein unscheinbarer Gedenkstein. Im Jahr 2000 hatte ihn die Deutsche Physikalische Gesellschaft gestiftet, um ein Jubiläum zu würdigen. Im Frühjahr 1925 hatte der 24-jährige Heisenberg bei einem Genesungsaufenthalt auf Helgoland den Schlüssel zur Quantenmechanik gefunden. Aus einer Eingebung heraus löste er das letzte Puzzle, das ihm schlaflose Nächte bereitet und ihn fast krank gemacht hatte. Die entscheidende Arbeit für die Begründung der Quantenmechanik, die zunächst auch Matrizenmechanik genannt wurde, erschien 1925 in der »Zeitschrift für Physik«.

Der Weg zu dieser Theorie begann mit dem Atommodell von Niels Bohr, das er 1913 entwickelt hatte und für das er Regeln definierte, zu denen die klassische Physik keine Erklärungen liefern konnte. Bohr wies den Elektronen, die um den Atomkern kreisen, bestimmte Bahnen zu, die sie besetzen oder verlassen konnten, und führte die Idee und den Begriff des Quantensprungs ein. Aus seinem Modell ließen sich das

Periodische System der Elemente und sogar chemische Eigenschaften ableiten. Heisenberg beeindruckte das Bohr'sche Modell und seine Anwendungen sehr. Und schon als Student fragte er sich, woher diese Regeln, die letztlich nur den Zweck erfüllten, Experimente zu erklären, kamen. Aus der klassischen Physik jedenfalls nicht. Erst später erfuhr er, dass Niels Bohr mit ungeheuer viel Intuition das Richtige gefunden hatte.

Der Blick richtete sich auf die Elektronen, besser auf diese merkwürdigen Elektronenbahnen, die den Kern nur in bestimmten Abständen umgaben. Alles schien in Ordnung, wenn man die Ergebnisse der Messungen betrachtete, alles stand infrage, wenn man mithilfe der klassischen Physik Erklärungen suchte. Denn dann durfte es diese merkwürdigen Bahnen nicht geben. Aus diesem Dilemma entwickelte Heisenberg die Quantenmechanik.

Mit der neuen Theorie verstanden die Physiker nun den Aufbau des Atoms, soweit es seine Elektronenhülle betraf, sehr viel besser. Womit sie sich aber noch genauer zu beschäftigen hatten, war der Atomkern.

Die Wissenschaftler in Göttingen, Berlin und München zerbrachen sich über ein Jahrhundertproblem der Physik die Köpfe und nahmen nur von fern wahr, wie die politischen, schärfer werdenden Auseinandersetzungen und der wachsende Antisemitismus Lehre und Forschung unterwanderten. 1926 wurde auf Betreiben Hitlers der nationalsozialistische Studentenbund gegründet, der schnell Zulauf erhielt. Eine Gruppe in Göttingen befasste sich mit einer Schrift, in der der jüdische Einfluss auf die Hochschulen und Universitäten in Deutschland untersucht werden sollte. Die erste Ausgabe erschien 1928, James Franck und Max Born wurden darin als Vertreter des »mosaischen Glaubens« genannt.

Im Januar 1932, dem Jahr der umkämpften Reichspräsidentenwahl, fuhr Heisenberg zusammen mit Weizsäcker nach Kopenhagen zu Niels Bohr. Dieser Besuch war ein großer Glücksfall für den jungen Physikstudenten aus Leipzig. Da standen die Gäste vor diesem Sucher im Kleinsten des Mikrokosmos, der die Atomphysik in neue Bahnen lenkte. Seine Schnörkellosigkeit und menschliche Wärme ließen erst gar keine Barriere aufkommen. Heisenberg und Bohr kannten sich schon seit zehn Jahren. Bohr konnte sich noch gut daran erinnern, wie ihm 1922 bei einem Vortrag in Göttingen ein junger Mann widersprochen hatte. Alles war fachlicher Natur gewesen. Bohr hatte Heisenberg danach zu einem Spaziergang auf den Hainberg eingeladen, wo dann in der Sache tiefer gegraben werden konnte. Einladungen nach Kopenhagen folgten. Inzwischen gehörte Heisenberg neben dem großen Dänen zur ersten Reihe auf dem Gebiet der Quantenmechanik, und doch sah er in dem 16 Jahre älteren Bohr auch immer noch den Lehrer. Sie glichen einem strahlenden Doppelsternenpaar am Horizont, das um ein Zentrum kreist, in dem alle Erklärungen der geheimnisvollen Quantenmechanik verborgen lagen. Diese Jahre großer Nähe sollten bald enden.

Der Student Weizsäcker durfte dem langen Gespräch der beiden Nobelpreisträger – des tatsächlichen und des künftigen, denn Heisenberg sollte ihn 1933 erst bekommen – zuhören. Die philosophischen Probleme, die von den beiden gewälzt wurden, trafen hier schon auf eine innere Seite, die später einmal in seinem Schaffen dominieren wird. Von Niels Bohr blieb von Weizsäcker ein Leben lang tief beeindruckt.

In Kopenhagen konnte er seine Ausbildung fortsetzen. Hier traf Weizsäcker auf eine internationale Gruppe der jüngeren Physikergeneration. Meist waren diese begabten Theoretiker, die sich um Niels Bohr versammelt hatten, einige Jahre älter als er und kamen aus ganz Europa. Viele Juden befanden sich darunter. Ihn verwunderte zunächst die vorherrschende politische Meinung dieser geballten Intelligenz, die den Kommunismus favorisierte. In Gesprächen wurde ihm beigebracht, dass diese politische Richtung angesichts des Versagens der bürgerlichen Welt vor Hitler gut begründet werden könnte. Er verstand die Argumente, teilte sie aber nicht. Allerdings musste man zugeben, dass die Überwindung sozialer Ungleichheiten, die von der kommunistischen Idee getragen wurde, jedem wachen Verstand einleuchtete. Man konnte aber der zwingenden Analyse entgehen und eine Rebellion mit der erwarteten Unfreiheit verwerfen, wenn sich dieser Verstand der Vernunft zuwandte und dieselbe mit dem Gedanken versah, sie könne durch Einsicht Besserung bewirken. Es schien schon hier mit dieser Distanzierung jener eigene Sinn sich auszubilden, der den späteren Weizsäcker vor solchen scheinbar vereinnahmenden Befunden bewahren und zugleich den Dialog um das Für und Wider kultivieren sollte.

1933 wurde Carl Friedrich von Weizsäcker bei Werner Heisenberg in Leipzig promoviert. Sie kannten sich nun seit sechs Jahren, und in dieser Zeit hatte sich ein freundschaftliches Lehrer-Schüler-Verhältnis herausgebildet. Der fachliche Abstand war noch riesig. Kaum jemand ahnte jedoch die Umkehrung, nämlich dass Weizsäcker für den Lehrer eine nicht minder wichtige Rolle spielte. Heisenberg genoss in fachlichen Kreisen und auch darüber hinaus ein hohes Ansehen in der sich immer weiter differenzierenden Gesellschaft. Im Privaten aber fühlte der Junggeselle sich einsam und isoliert. Seitdem er bei Weizsäckers Eltern als gern gesehener Gast aus- und einging, fiel dem jüngeren Carl Friedrich immer mehr die Rolle eines Mittlers zwischen dem genialen Physiker und seiner äußeren Lebenswelt zu. Durch eine recht naive Werbung des verliebten Heisenberg um die 16 Jahre alte Schwester Adelheid geriet er allerdings zwischen alle Stühle. Der Vater hatte dem Professor aus Leipzig seine Gastfreundschaft sofort entzogen, als er von dessen Absichten erfuhr. Das ganze Liebesdrama zog sich wie ein unsichtbares Wildgewässer neben der wissenschaftlichen Arbeit hin und Carl Friedrich musste schlichten und trösten. Erst als 1936 die standesgemäße Verlobung Adelheids bekannt wurde und Heisenberg bald darauf seine zukünftige Frau in Leipzig kennenlernte, glätteten sich die Wogen.

Das Hauptinteresse der Physiker, die sich mit dem Aufbau des Atoms befassten, richtete sich in den 1930er-Jahren immer mehr auf den Atomkern und seine Bestandteile. Eine neue Aufbruchstimmung erfuhr diese Richtung, als James Chadwick 1932 das vorausgesagte Neutron experimentell nachweisen konnte. Dieses Teilchen war für das Verständnis des Atomkerns von größter Bedeutung, denn es erlaubte, seinen merkwürdigen Zusammenhalt besser zu verstehen. Ein Kern besteht aus positiv geladenen Protonen, die sich eigentlich nicht gut vertragen, weil gleiche Ladungen sich abstoßen, wie bei einem Magneten. Das taten sie aber nicht, jedenfalls in ihrer Gesamtheit nicht. Irgendetwas musste vorhanden sein, das dem Atomkern seine Stabilität verlieh. Zu diesem »etwas« gehörte nun auch das Neutron. Werner Heisenberg vermutete eine neue Kraft, eine Kernkraft zwischen den Bausteinen des Atomkerns, die für die erforderliche Stabilität sorgte. Damit äußerte er eine aufregende These, deren weitere Ausarbeitung höchste Ansprüche stellte. Das

Problemfeld konnte benannt werden, aber die Bedingungen in Deutschland erwiesen sich in den 1930er-Jahren als kaum noch geeignet. Es mangelte immer mehr am wissenschaftlichen Nachwuchs, das Niveau an den Universitäten und Hochschulen hatte nachgelassen, und bei den experimentellen Einrichtungen für die Physik des Atomkerns befand man sich gegenüber dem Ausland in einem beklagenswerten Rückstand.

Werner Heisenberg und Carl Friedrich von Weizsäcker sahen mit Befremden, wie der Antisemitismus in der Wissenschaft immer weiter um sich griff. Die moralischen und politischen Prüfungen, denen sich diejenigen gegenübersahen, die in Deutschland blieben und vielleicht auf ein schnelles Ende des Hitlerregimes gesetzt hatten, wurden größer. Heisenberg geriet ins Fadenkreuz einer besonders perfiden Bewegung. Zwei renommierte Physiker, Johannes Stark und Philipp Lenard, beide mit dem Nobelpreis geehrte Experimentalphysiker, befeuerten seit Jahren Diskussionen um eine angebliche jüdische Unterwanderung der Physik. Nach 1933 hatten sich solche Umtriebe verstärkt. Vor allem Stark, inzwischen Präsident der Physikalisch-Technischen Reichsanstalt in Berlin, zog nach 1933 mit massiven Angriffen gegen die Einstein-Physik, die Matrizentheorie Heisenbergs und die Wellenmechanik Schrödingers zu Felde. Es ging dabei um sehr viel mehr als um eine komplexbeladene Aversion gegenüber den Theoretikern der Physik, die mit Bleistift und Papier zu neuen Erkenntnissen gelangten. Stark und sein Mitstreiter Lenard vertraten eine »deutsche Physik«, in der Juden und deren Schüler keinen Platz mehr haben sollten. Dieser Angriff zielte direkt auf Heisenberg. Über Jahre zog sich der Spuk hin. Erst in den späten 1930er-Jahren wurde er von SS-Führer Heinrich Himmler entschärft und verebbte in dem Maße, wie die »jüdische Physik« gerade auch für die moderne Militärtechnik an Bedeutung gewann.

1936 hatte Carl Friedrich von Weizsäcker eine Assistentenstelle am Kaiser-Wilhelm-Institut für Physik erhalten. In Berlin-Dahlem, einem gut situierten Villenviertel, lebte und arbeitete er jetzt. Die Seminare mit Werner Heisenberg fanden noch in Leipzig statt. Aber der Kreis der Studenten und Assistenten hatte sich verkleinert. Hin und wieder machte er sich für die Dienstag-Seminare auf den Weg. Er hatte seine Forschungen inzwischen ebenfalls auf den Atomkern gerichtet. Dabei verfolgte er eine Idee des russischen Physikers George Gamow. Dieser außerordentlich vielseitige und umtriebige junge Wissenschaftler hatte 1928 mehrere Monate bei Max Born in Göttingen und danach in Kopenhagen bei Niels Bohr die moderne Atomphysik studiert. Bald nach seiner Rückkehr in die Sowjetunion zog es ihn wieder in den Westen, diesmal nach Cambridge, wo er mit Ernest Rutherford zusammenarbeiten konnte. Mit seiner lebhaften Reisetätigkeit hatte Gamow in seiner Heimat die Aufmerksamkeit der Geheimpolizei auf sich gezogen, was er auch zu spüren bekam. Schließlich emigrierte er 1932 in die USA. Seine verblüffende Idee aus dem Jahr 1928 lautete: Man könnte doch den Atomkern wie einen Wassertropfen behandeln, nur dass der eben nicht aus Molekülen, sondern aus Protonen und Neutronen besteht. Dieser »Kerntropfen« wäre allerdings dann Milliardenmal dichter als ein Wassertropfen und von ganz anderer Struktur. Aber die Grundidee, dass Protonen und Neutronen wie bei den Wassermolekülen durch eine Kraft zusammengehalten werden, schien vielversprechend zu sein. Mitte der 1930er-Jahre konnte Weizsäcker, darauf aufbauend, eine Formel für die Bindungsenergie in den Atomkernen angeben. Dieser Erfolg brachte ihm die ersehnte Anerkennung ein: Mit 23 Jahren war nun auch sein Name in der renommierten »Zeitschrift für Physik« zu lesen.

Der Vater wird sich über diesen Fortschritt gefreut haben, von dem sein Sohn erzählte. Verstanden hat er, wie die meisten Eltern, die es mit hoch spezialisierten Fächern ihrer Kinder zu tun bekommen, wohl kaum etwas. Ernst von Weizsäcker gehörte seit Hitlers Machtantritt weiter dem Auswärtigen Amt an. Als Gesandter des nationalsozialistischen Deutschlands wurde er nach Bern geschickt. 1936 hatte er, zunächst nur zeitweise, sogar die Politische Abteilung des Auswärtigen Amtes übernommen. Die Erklärungen des Sohnes für die Karriere seines Vaters knüpften an dessen Absicht an »durch vernünftige Außenpolitik erneute Kriege zu verhindern«. In der Reichspogromnacht, am 9. November 1938, erinnerte sich Weizsäcker an seinen alten Schulfreund Hans Friedensohn. Er fuhr nach den schlimmen Exzessen der Nazis an diesem Tag zu dessen Eltern in die Carmenstraße unweit vom Steinplatz in Berlin. Als er die Wohnung betrat, fielen ihm die vielen kleinen Zettel an den Wänden auf, mit handgeschriebenen Wörtern in Deutsch und Englisch. Sie würden sich auf ihre Auswanderung vorbereiten, erklärten sie dem Besucher. Ihr Sohn wäre schon in Palästina, aber sie möchten doch lieber in das vertrautere Amerika.

Weizsäcker hörte später noch vom Schicksal der beiden. Ein Schlaganfall des Vaters fesselte die Eheleute an ihr Zuhause und machte die gemeinsame Auswanderung unmöglich. Im April 1939 starb Felix Friedensohn. Zwar gelang es Juden, selbst in diesem beklemmenden Jahr noch auszuwandern. Aber die Mutter von Hans Friedensohn schaffte es nicht mehr, diesen Schritt allein zu gehen. Dann versiegten die Nachrichten.

Ein Jahr vor diesem denkwürdigen Besuch hatte sich Weizsäcker einem anderen Thema der Physik zugewandt, das ihn, aber auch viele andere, schon lange bewegte. Es schien, als würde er noch einmal seine Sternenkarte hervorholen, die er als Zwölfjähriger geschenkt bekommen hatte. Ihn interessierte, wie schon damals, das Leuchten der Sterne, nur stand jetzt die große Frage im Raum, woher die gewaltigen Energiemengen kamen, die dieses Leuchten erzeugten. Das physikalische Wissen der Zeit schien reif für eine Antwort. In einer Arbeit, die im September des Jahres in der »Physikalischen Zeitschrift« erschien, konnte er sie vorlegen. Wenige Monate später veröffentlichte der sechs Jahre ältere Hans Bethe eine umfassendere Arbeit zur Energieerzeugung in Sternen, die ihm später den Nobelpreis einbrachte.

Im gleichen Jahr hatte auch Klaus Fuchs, wenngleich in der Emigration, den Horizont des damaligen physikalischen Wissens erreicht und eine richtungsweisende Arbeit veröffentlicht. Der Weg dorthin war allerdings alles andere als geradlinig verlaufen.

Er war um einige Jahre zu jung gewesen, um an den Geburtswehen der Quantenmechanik teilhaben zu können. Er hatte auch keine Fürsprecher oder Verbindungen zu Autoritäten während der kurzen Studienzeit in Deutschland vorzuweisen. Abraham Fraenkel, der Mathematiker in Kiel, wäre so eine Adresse gewesen. Wenige Wochen nach der Machtübernahme Hitlers wurde er auf der Grundlage des neuen Gesetzes zur Wiederherstellung des Berufsbeamtentums von seiner Universität beurlaubt. Fraenkel gehörte zu den ersten Wissenschaftlern von Rang, die Deutschland noch 1933 verließen.

Als Fuchs mit seinen 21 Jahren nach Paris in die Emigration aufbrechen musste, stand ihm das tragische Geschehen mit seiner Mutter noch bedrückend vor Augen. Von seinem Bruder und den anderen Genossen der KPD war er mit dem Auftrag verabschiedet worden, etwas zu lernen, das für ein späteres sozialistisches Deutschland einmal nützlich sein könnte. Damit wurde ihm zumindest eine Richtung an die Hand gegeben, sie gab etwas Halt in Anbetracht der ungewissen Zukunft, in die er sich nahezu mittellos begeben musste.

Der wohltuende freie Geist, der in Paris vorherrschte, hob gewiss nicht die Bürde auf, die mit dem Verlust von Heimat einherging. Allein, dass er dieses Schicksal mit Freunden teilte, half ein wenig. Dann erreichte Fuchs eine beunruhigende Nachricht. Er erfuhr, dass man seinen Vater in Deutschland verhaftet hatte. Aus den konkreteren Nachrichten war zu erkennen, dass er sich große Sorgen machen musste. Aber er durfte stolz auf seinen Vater sein. Der hatte nämlich mal wieder das Schwert der Wahrheitsliebe gezückt. Als er in Eisenach zu Besuch bei alten Freunden war, traf er auf der Straße zufällig eine frühere Angehörige seiner alten Gemeinde, die jetzt mit einem Hakenkreuz herumlief. Fuchs erzählte ihr von einem Freund und Landtagsabgeordneten der SPD, den die Nazis schlimm misshandelt hatten. Die Frau fragte anschließend eine lokale Parteigröße, ob diese Geschichte, die da ihr ehemaliger Pfarrer erzählte, wahr sei. Als Reaktion erfolgte die Verhaftung.

Im Gefängnis in Berlin lernte Fuchs den Alltag politischer Repressionen kennen. Als Untersuchungshäftling wurden ihm einige Vergünstigungen zugestanden. Vor allen Dingen konnte er in seiner Einzelzelle arbeiten, erhielt Bücher und eine Schreibmaschine. Mehrmals wurde er verlegt. Nachdem die Kunde von seinem Schicksal das Ausland erreicht hatte, traten seine Freunde, die Quäker, auf den Plan. Emil Fuchs wurde auf Kaution freigelassen, aber die Anklage blieb bestehen. Im Herbst kam es in Eisenach zur Gerichtsverhandlung. Der Angeklagte erzählte dem Richter, was er wusste und gesehen hatte, und nahm nichts zurück. Alles lief bei der Verteidigung jetzt darauf hinaus, den Übergriff auf den Landtagsabgeordneten beweisen zu können. Der hielt sich aber inzwischen in dem noch vom Völkerbund verwalteten freien Saargebiet auf. Sohn Klaus gelang es, ihn hier ausfindig zu machen und zu einer gerichtsfesten schriftlichen Erklärung zu bewegen. Als diese in Eisenach vorlag, konnte der Prozess abgeschlossen werden. Pfarrer Fuchs wurde wegen Beleidigung der Regierung bei Anrechnung der Untersuchungshaft zu einem Monat Gefängnis verurteilt. Er war frei.

Die guten Verbindungen des Vaters zu den Quäkern erwiesen sich auch für Klaus als sehr hilfreich. Er wurde in England mit dem einflussreichen und wohlhabenden Direktor der Tobacco Imperial, Ronald Gunn, bekannt. Der sorgt sich fortan um das private und wissenschaftliche Fortkommen des jungen Mannes. Sein Büro vermittelte den Zugang zu Professor Nevill Mott, der an der Universität Bristol den Lehrstuhl für Theoretische Physik innehatte.

Diese Universität konnte auf keine ehrwürdige Geschichte blicken, wie sie andere englische Universitäten vorweisen konnten. Sie entstand erst 1909 durch die nachhaltigen Bemühungen eines reichen Kaufmanns der Stadt. In Bristol herrschte ein weniger elitärer Geist als anderswo, und man pflegte einen fachbezogenen und mit der Fakultät für Ingenieurwissenschaften auch anwendungsorientierten Bildungsansatz. Weithin sichtbar dominierte der Wills Tower den Campus, ein fast 70 Meter hoher Turm, der 1925 nach vieljähriger Bauzeit eingeweiht worden war. Aber die Universität zog nach und nach erstklassige Wissenschaftler an.

In den 1930er-Jahren bereicherten zumeist jüdische Physiker aus Deutschland die englische Wissenschaftscommunity. In Oxford, wo sich besonders viele der Flüchtlinge einfanden, sorgten sie für eine tiefgreifende Renaissance ihres Fachs. Aber auch Bristol profitierte von dem Zustrom. Hier begann Fuchs mit dem Physikstudium, und Nevill Mott, nur sechs Jahre älter, wurde der Lehrer dieses eher zurückhaltenden Studenten. Mott befasste sich mit dem Teil der theoretischen Physik – und zwar an vorderster Front –, der den Mechanismus der Stromleitung bei Metallen untersuchte. Warum leitet Kupfer den Strom besser als Eisen? Diese Fragen gehörten in ein Gebiet, bei dem selbst Laien Anwendungen einfallen würden. Auch auf Fragen nach der unterschiedlichen Wärmeleitung von Stoffen sollten Antworten gefunden werden. Ein Bereich also, der ziemlich gut dem Auftrag entgegenkam, etwas Sinnvolles für den Aufbau eines sozialistischen Deutschlands zu lernen, den man Fuchs mit auf den Weg gegeben hatte. Er kam mit vielen Büchern zu Mott, die ihm der Lehrer alle aus der Hand nahm. Stattdessen musste er einen Band über die neue Quantenmechanik lesen. Von den alten Büchern blieb nur der »Anti-Dühring« von Friedrich Engels übrig. Mott zeigte sich begeistert von dem jungen deutschen Studenten. Fuchs durfte seine Abschlussarbeit, die eigentlich nur zum Diplom führen sollte, gleich als Doktorarbeit einreichen.

1936 brach in Spanien der Bürgerkrieg aus. Eine Allianz aus erzkonservativen Kräften putschte gegen die demokratisch gewählte Regierung. Sozialisten und Kommunisten, Künstler und Schriftsteller aus allen Teilen der Welt eilten der Volksfront zu Hilfe. Der Schriftsteller George Orwell begab sich von England aus auf den Weg, kämpfte dort an der Seite der republikanischen Armee und wurde schwer verwundet. Hier in Spanien geriet Orwell in das Blickfeld von Stalinisten, die mit Gewalt die Reihen der eigenen Kämpfer säubern wollten. Nach seiner Rückkehr nach England machten seine Berichte in den kommunistischen Zirkeln die Runde.

In der Sowjetunion herrschte die Zeit des Großen Terrors. Mott und sein Schüler Fuchs besuchten eines Tages eine Veranstaltung in Miss Brownlees Atelier in der Park Street von Bristol. Die Gesellschaft für kulturelle Beziehungen mit der Sowjetunion hatte eingeladen. Inzwischen konnten wörtliche Protokolle der brutalen Schauprozesse nachgelesen werden, die der berüchtigte Staatsanwalt Wischinski dirigiert hatte. An diesem Abend wollte man sich die Protokolle mit verteilten Rollen gegenseitig vorlesen und erkunden, ob der Vorwurf des Verrats, den man den Angeklagten in Moskau machte, nachvollziehbar ist. Mott musste bei dem Auftritt von Fuchs, der die Rolle Wischinskis übernommen hatte, verwundert beobachten, mit welcher Härte dieser die Todgeweihten verhörte. So ein Verhalten ließ auf eine übergroße Leidenschaft und Parteilichkeit schließen, die zu der kühlen Rationalität des Fachs Physik nicht so recht passen wollte.

Fuchs hatte sich in Bristol einer Gruppe für die Unterstützung der Spanischen Republik angeschlossen. Das war an der Universität nicht unbemerkt geblieben. Tatkräftiges politisches Engagement verstieß gegen die Handlungsoptionen, die man Flüchtlingen erlaubte. Er musste die Universität verlassen.

Die erzwungene Emigration bedeutete immer, einen Weg mit vielen Unbekannten zu gehen. Manche Wissenschaftler handelten entschiedener und fanden sich in ihr schneller zurecht. Andere hatten es schwerer, ihr Gleichgewicht wiederzufinden. Der aus Göttingen kommende Max Born zog nach 1933, wie viele andere, die Emigration dem Bleiben ohne Achtung und Würde vor. Er hatte nach einigen Umwegen einen Ruf an die Universität in Edinburgh angenommen, die ihm eine Professur für Naturphilosophie angeboten hatte. Damit konnte man leben, zufrieden sein aber nicht. Doch er war ein Flüchtling, ein Gast. Max Born hatte in Göttingen zu den führenden Köpfen bei der Entwicklung der Quantenmechanik gehört. Er hatte der geheimnisvollen Wellenfunktion, die als Lösung der berühmten Schrödinger-Gleichung entstand, einen physikalischen Inhalt gegeben: Mit ihr konnte man eine Aussage darüber machen, wo sich ein Elektron zu einem bestimmten Zeitpunkt befindet, hatte er behauptet. Allerdings galt dabei eine von der Natur verordnete Einschränkung. Denn diese Aussage enthielt nicht die Angabe eines konkreten Ortes, sondern nur die mehr oder weniger hohe Wahrscheinlichkeit dafür, dass es sich an einem konkreten Ort aufhält. Dieses Maß an Wahrscheinlichkeit folgte aus der sogenannten Wellenfunktion. Die für einen Beobachter unbefriedigende »Ungenauigkeit« bildete eine neuartige Eigenschaft des Elektrons und aller Quanten. Sie stand im Rang eines Naturgesetzes. Das Rätsel um die Unschärfe, das alle umtrieb, erhielt mit diesem Befund eine neue Richtung. Klaus Fuchs wurde Max Borns erster Schüler in Edinburgh. Er fand bei seiner Ankunft einen noch durch die Flucht gezeichneten, depressiv gestimmten Lehrer vor. Sein Arbeitsraum lag im Kellergeschoss, in der Mitte befand sich ein großer runder Tisch. »Sie können von mir nicht viel erwarten, ich bin zu erschöpft«, sagte er zur Begrüßung zu Fuchs. Born war es von Göttingen gewohnt, immer junge, fähige Studenten und Assistenten um sich zu haben, mit denen er in der liebenswürdigsten Art zusammenarbeiten konnte. Er brauchte diese lebendige, freundliche Atmosphäre, und die fehlte ihm jetzt. Fuchs konnte als Erster an dem runden Tisch

Platz nehmen. Er löste zusammen mit seinem Lehrer ein schwieriges mathematisches Problem, bei dem eine Assistentin vorher aufgegeben hatte. So begann die Zusammenarbeit.

Zur Freude von Born füllte sich bald die Runde mit jungen Leuten aus den verschiedensten Ländern, Emigranten meist, die seine Nähe suchten. Für sie veranstaltete er hier in Edinburgh ein Seminar über die Entwicklung der Quantenphysik, das vielen unvergesslich in Erinnerung bleiben sollte. Born machte gern Hausmusik, vor allem mit jungen Leuten. In seinem Wohnhaus stand ein großer Flügel, auf dem er ab und an Mozart und Beethoven spielte. Auch Fuchs wurde eingeladen. Trotz Bedenken nahm er einmal am gemeinsamen Musizieren teil und versuchte sich an der Geige. Das Ergebnis fiel mäßig aus. Max Born schwärmte dennoch in den höchsten Tönen von seinem Assistenten Fuchs. Er nannte ihn die Seele seiner Forschungsgruppe. Eine gute Hälfte der Doktorarbeiten, die in dieser jungen Werkstatt der theoretischen Physik entstanden, war von ihm betreut oder als Thema vorgeschlagen worden. 1938 veröffentlichte Fuchs selbst eine Abhandlung, deren Potenzial damals noch gar nicht voll ermessen werden konnte. Sie befasste sich mit der elektrischen Leitfähigkeit dünner Metallfilme. Erst Jahrzehnte später, mit der Entwicklung der Mikroelektronik, zeigte sich ihre ganze Bedeutung. Ein Exemplar hatte er auch an seinen Vater nach Deutschland gesandt, der es wohl glücklich durchgeblättert haben dürfte, denn es enthielt die beruhigende Botschaft: Klaus geht es in der Emigration gut. Der väterliche Instinkt sagte ihm, dass eine derart anspruchsvolle Arbeit nicht hätte geschrieben werden können, wenn man darbt und leidet. Fuchs' Abhandlung zur Elektronentheorie der Metalle entwickelte sich im Lauf der Jahrzehnte zu einer der meistzitierten Arbeiten eines deutschen Physikers auf diesem Feld.

3
Der Urankomplex

3.1 In den Kettenreaktionen gefangen

Der geistige Urknall, der sich am Ende des Jahres 1938 ereignete, begann mit Ungläubigkeit. Am 19. Dezember, abends, sitzt der Chemiker Otto Hahn in Berlin-Dahlem an seinem Arbeitstisch und schreibt einen Brief an seine langjährige jüdische Kollegin Lise Meitner, die ihm jetzt fehlt. Diese renommierte Physikerin hatte vor den Nationalsozialisten im Sommer fliehen müssen, spät hatte sie das getan, fast zu spät. Erst vor wenigen Wochen war sie in Stockholm angekommen. Otto Hahn und Fritz Straßmann hatten mit schweren Elementen wie Uran experimentiert und sie mit Neutronen beschossen. Sie wollten wissen, welche Transurane bei so einem Beschuss entstehen. Es gab keine. Was sie hingegen fanden, verhielt sich wie ein Element, das ungefähr halb so schwer war wie Uran. »Vielleicht kannst du irgendeine fantastische Erklärung vorschlagen. Wir wissen dabei selbst, dass das Uran eigentlich nicht in Barium zerplatzen kann«, fragt Otto Hahn in seinem Brief. Aber die Antwort braucht ihre Zeit, auch wenn Stockholm ganz in der Nähe liegt. Die Sache brennt ihm so auf den Nägeln, dass er noch kurz nach Weihnachten den jungen Weizsäcker anruft, der in Dahlem am Kaiser-Wilhelm-Institut für Physik arbeitet. Er kennt ihn von einem vorübergehenden Aufenthalt bei Lise Meitner. »Herr von Weizsäcker, können Sie sich vorstellen...«, beginnt der Anruf und wieder geht es um das irritierende Barium. Weizsäcker meint: »Wenn Sie es erhalten haben«, und hier dürfte ins Gewicht gefallen sein, dass sich der Jüngere einen groben Messfehler bei Otto Hahn nicht vorstellen kann, »dann ist es Barium«, was bedeutet, dass der Urankern zerplatzt ist. Lise Meitners Antwort, die einige Tage später eintrifft, wird das »Zerplatzen« bestätigen.

Dann – ein Dienstag im Januar 1939. In Leipzig ist Werner Heisenberg gerade wieder in einem Seminar, als Weizsäcker aus Berlin zu Besuch kommt. Etwas verspätet tritt er in die Tür und schaut mit einem seltsamen Blick in die Runde. »Otto Hahn hat mich angerufen. Er hat Urankerne mit Neutronen beschossen, und er erhielt statt des erwarteten Radiums immer wieder Barium.« Heisenberg steht elektrisiert auf, die geballte Geisterkraft des Seminars rechnet nun anhand des Tröpfchenmodells durch, ob ein Zerplatzen des Urankerns mit der Theorie vereinbar ist.

Wehmütig wird Lise Meitner den Befund ihres Kollegen Hahn interpretiert haben. Sie hatte damals das Experiment mit den Neutronen angeregt, und nun konnte sie bei dieser Jahrhundertentdeckung nicht mehr dabei sein. Der Brief aus Berlin erreichte sie irgendwann um die Weihnachtszeit.

Mit seiner Botschaft hob ein regelrechtes Raunen des Geistes an, das wie ein Lauffeuer die Welt der Physik durchdrang. Der Neffe Lise Meitners, Otto Robert Frisch, erfuhr von dem Befund und half sogar bei seiner Diagnose mit. Er arbeitete in Kopenhagen am Institut von Niels Bohr und so hörte auch der Däne schon Anfang Januar davon. Und weil dieser wenige Tage später eine geplante Reise in die USA antrat, erfuhren im Januar 1939 auch schon die amerikanischen Physiker Genaueres über die Urankernspaltung. Die großen Zeitungen im Ausland berichteten von der Entdeckung, Physiker in Amerika gingen in ihre Labore und stellten das Experiment nach.

Mit Sicherheit hatten auch Klaus Fuchs und sein Lehrer Max Born in Edinburgh von der Urankernspaltung erfahren. Seltsamerweise herrschte in Deutschland wochenlanges Schweigen.

Die Aussichten der Entdeckung konnten einen jungen Physiker überwältigen. Hier sollte einmal die Energie des Universums erschlossen werden. Weizsäcker hatte sich mit den Fusionsprozessen der leichten Atomkerne (Wasserstoff) beschäftigt, bei denen ihn »die Elementumwandlung im Inneren der Sterne« interessierte. Aus diesen Forschungen ging 1937 sein Beitrag für die »Physikalische Zeitschrift« hervor, der die Energieerzeugung in massereichen Sternen (mehr als zehn Sonnenmassen) erklären konnte. Mit dem gefundenen Ansatz wurde aber noch nicht die dominierende Energieproduktion auf der Sonne verstanden. Der nach England emigrierte Hans Bethe, der sich mit dem gleichen Thema befasst hatte, stellte dann 1939 eine vertiefende Theorie zu den Fusionsprozessen vor, die jetzt auch das Sonnenfeuer einschloss. Am Ende sollten ihre gemeinsamen Erkenntnisse als Bethe-Weizsäcker-Zyklus in die Physikgeschichte eingehen. Das Leben und Sterben der Sterne geriet immer stärker in den Blick der Physiker. Die Fusionsprozesse, bei denen Energie freigesetzt wird und als Strahlung das Leuchten der Sterne bewirkt, laufen nur von den leichten Elementen bis zum Eisen ab. Fusionsprozesse, bei denen Elemente mit höheren Atomgewichten als Eisen entstehen, benötigen dagegen Energie. Sie wird bereitgestellt bei den kosmischen Explosionen massereicher Sterne am Ende ihres Lebens, der Supernova. Was dabei in den Weltraum geschleudert wird, sind neben den leichteren Elementen dann auch die Atome des Urans. Vor 4,5 Milliarden Jahren hat sich ein Teil von ihnen bei der Entstehung der Erde wieder zusammengefunden. Schwere Atomkerne zu zerlegen bedeutet, die geronnene kosmische Energie der Sternenexplosionen wieder freizusetzen. Wer über die Nutzung nachdachte, wurde zwangsläufig auf zwei Varianten verwiesen. Die militärische führte zur Atombombe und die zivile zum energieerzeugenden Atomreaktor, einschließlich eines herausfordernden Nebenprodukts, das bald den Namen Plutonium erhielt.

Fuchs und von Weizsäcker dienten dieser Aufgabe und wurden, allerdings auf unterschiedliche Weise, zu zwei ihrer herausragenden Akteure. Das sind die irdischen schicksalhaften Optionen, die hier aufschienen. Sie verstellen den Blick auf jene bewundernswerte Erkenntnis, die die Atomphysik eben auch hervorbrachte, nämlich, woher eigentlich die Elemente kommen, die die Menschheit so beschäftigen.

Das Kriegsjahr 1939

Die Entdeckung der Urankernspaltung im Winter 1938 trat zur Unzeit in die Welt. Mit dem beginnenden Krieg im September 1939 fiel ihr eine Bedeutung zu, in der das Forscherglück eines Dezemberabends nur noch als Fußnote auftauchte. Gewiss, sie kam nicht völlig unvermutet daher, wie es vielleicht auf den ersten Blick scheinen mag. 1934 hatte die Chemikerin Ida Noddack gemutmaßt, dass die Beschießung schwerer Atomkerne mit Neutronen diese zum Zerfallen bringen könnte. Das hatte sie kurz nach der Entdeckung des Neutrons geäußert. Man fand diese Idee, wie manch andere auch, die zu weit über den Erkenntnishorizont ihrer Zeit hinausreichte, dann aber doch zu fantastisch, um sie weiterzuverfolgen.

Jetzt aber reagierte die Fachwelt mit einem Mal überrascht und ungeheuer aufgeregt. Es vergingen nur wenige Tage, bis sich das Potenzial dieser Entdeckung überschauen ließ. Summierte man die Massen der Spaltprodukte eines Uranatoms, so ergab sich, dass sie weniger auf die Waage brachten als das ursprüngliche Atom. Ein Teil der Masse hatte sich in Energie umgewandelt, und zwar war es ein relativ großer Teil. Man kann mit 100 oder 1.000 Uranatomen natürlich nichts anfangen, aber wenn man eine Kettenreaktion auslösen würde, bei der ein Atom nach dem anderen zerplatzt, dann wäre die Entstehung riesiger Energiemengen denkbar. Was dazu benötigt wird, sind genügend viele Neutronen.

Leó Szilárd, ein ungarischer Physiker und Bekannter Albert Einsteins, verfolgte wie ein hochsensibler Seismograf das Geschehen. Seit Herbst 1938 hielt er sich in den USA auf. Wie viele Sekundärneutronen entstanden bei der Spaltung eines Uranatoms? Diese Frage entschied alles. Szilárd suchte, ebenso wie Frédéric Joliot-Curie in Paris, nach der Antwort. Das Ergebnis stand im März fest: Es entstanden bei der Urankernspaltung genügend Neutronen, um eine Kettenreaktion auslösen zu können. Die Physiker wussten nun, dass die Energiegewinnung möglich ist, eine neue, ungeheure Bombe wohl auch. Sehr viel mehr wussten sie noch nicht.

In diesen Monaten trat ein junger Mann auf den Plan, im gleichen Alter wie Weizsäcker und Fuchs und, wie diese, ein begabter Theoretiker, der in dieser Erkenntnisphase einen wichtigen Impuls beisteuerte. Siegfried Flügge kam aus Dresden, seine Karriere führte ihn nach Berlin-Dahlem, wo er Mitarbeiter von Otto Hahn und Lise Meitner wurde. Hier hatte er das Glück, die Ereignisse in den Tagen der Jahrhundertentdeckung aus nächster Nähe verfolgen zu können. Er hatte sich schon vor dem endgültigen Ergebnis mit den Sekundärneutronen an seinen Schreibtisch gesetzt und zu rechnen begonnen. Als die Nachrichten, die Gewissheit brachten, dann eintrafen, bestätigten sie nur seine genauen Resultate. Im Juli 1939 erschien in der renommierten Fachzeitschrift »Die Naturwissenschaften« seine Abhandlung, fast genau ein halbes Jahr nach der Veröffentlichung von Otto Hahn und Fritz Straßmann in der gleichen Zeitschrift. Flügge stellte seinen Überlegungen den herausfordernden Titel voran: »Kann der Energiegehalt der Atomkerne technisch nutzbar gemacht werden?« Die Antwort fiel eindeutig aus. Es ging eigentlich gar nicht mehr um das »Ob«, sondern vielmehr um das »Wie« und um die Energiemengen, die sich als spektakulär groß erwiesen. Flügge erläuterte, wie die Energiegewinnung aus Uran mit thermischen Neutronen gelingen konnte, wie eine Kettenreaktion ablief, und er beschrieb mit genauen Zahlen das riesige Potenzial gegenüber der Kohle als Energielieferant.

Bei dieser Abhandlung, die international große Beachtung fand, beließ er es aber nicht. Es schien, als wollte er nicht nur erklären und aufklären, sondern den Menschen auch klarmachen, was es mit der Uranmaschine auf sich hatte. Nur zwei Wochen vor Beginn des Zweiten Weltkriegs folgte ein Beitrag aus seiner Feder für die »Deutsche Allgemeine Zeitung«, in dem er die Befunde zur Atomenergie einem breiten Leserkreis zugänglich machte. Die Aufmerksamkeit, die Flügges Abhandlung erregte, war fachlich *und* politisch begründet. Denn in der renommierten deutschen Zeitschrift »Die Naturwissenschaften« hatten nun in kurzer Folge zwei Abhandlungen vorgelegen, die in einer Zeit internationaler Spannungen als bedrohliche Botschaft der deutschen Wissenschaft gelesen werden konnten.

Danach verschwand das Uranthema wie von Geisterhand plötzlich aus allen Zeitschriften. Wie Flügge, so hatten sich nämlich auch die deutschen Behörden im Frühjahr 1939 an die Arbeit gemacht, aber nicht am Schreibtisch, sondern mehr organisatorisch. Am 29. April hatte der Reichsforschungsrat zur Gründungsversammlung eines »Uranvereins« eingeladen, nachdem beim übergeordneten Reichserziehungsministerium der Bericht von zwei Physikern aus Göttingen eingegangen war, in dem auf die Möglichkeiten der Kernenergie hingewiesen wurde. Auf der Einladungsliste ganz oben hatte der Name von Otto Hahn gestanden, der sich allerdings entschuldigen ließ.

Unter den deutschen Physikern der mittleren Ebene machte sich ein regelrechter Hype bemerkbar. Etwa zur gleichen Zeit, am 24. April, legten zwei Wissenschaftler der Universität Hamburg ihre Kenntnisse in einem Brief an das Heereswaffenamt vor. Hier wurde direkt und ohne Umschweife auf die militärische Perspektive einer Kernspaltungskettenreaktion hingewiesen. Rasch übernahm das Heereswaffenamt die Uranforschung und verfügte, alle weiteren Arbeiten in dieser Richtung außerhalb seiner Zugriffsmöglichkeiten zu beenden.

Im Sommer 1939 fuhr Heisenberg noch einmal nach Amerika und traf dort die früheren Kollegen James Franck und Enrico Fermi. Drei der weltweit besten Physiker diskutierten hier über Atomenergie. Und das Ergebnis konnte niemandem gleichgültig sein. Man sah eine reale Bedrohung. Heisenberg wurde aufgefordert, ja, gebeten, in Amerika zu bleiben, aber dazu konnte er sich nicht entschließen. Es gab ein ganzes Bündel an Motiven, das ihn hinderte, diesen Schritt zu gehen: der Kreis junger Physiker in Leipzig, den er nicht verlassen wollte; seine Familie, mit der er nicht irgendwo, sondern in seiner Heimat leben wollte; schließlich seine Nähe zu Deutschland, dem er sich als Patriot verbunden fühlte.

In den frühen Morgenstunden des 1. September 1939 beginnt in der kleinen polnischen Stadt Wieluń, unweit der deutsch-polnischen Grenze, der Krieg. Die meisten Familien schlafen noch, als die Stadt von 29 Flugzeugen eines Sturzkampfgeschwaders angegriffen wird. Bomben fallen, zwei weitere Angriffe folgen. Am Ende des Tages liegt der Ort in Trümmern, 1.200 Einwohner, so sagen spätere Schätzungen, sind tot. Mit diesem Überfall Deutschlands auf Polen begann eine neue Katastrophe.

Der Angriff war sorgfältig vorbereitet und inszeniert, wie man heute weiß. Es gibt Bilder, die sich ins kollektive Gedächtnis eingebrannt haben, so jenes von dem durch deutsche Soldaten geschleiften Schlagbaum – auch ein gestelltes Element dieser gespenstischen Szenerie, die allein das Ziel hatte, einen kriegerischen Akt Deutschlands zu rechtfertigen, wo es nichts zu rechtfertigen gab. Oder das Foto des zu Ausbildungszwecken genutzten Schlachtschiffs »Schleswig-Holstein«, das vom Danziger Hafen den »ersten Schuss« auf die Westerplatte abfeuerte. Die Ruinen von Wieluń hingegen schienen weniger für die Propagandabilder geeignet zu sein. Die Deutschen nahmen den Kriegsbeginn hin – aber weit entfernt von jener Begeisterung, mit der sich im August 1914 Tausende freiwillig an die Front gemeldet hatten.

Zwei Wochen später fand die erste Sitzung des »Uranvereins« statt, und diesmal ergriff auch Otto Hahn das Wort. Mit seinen Bedenken wegen des ungeheuren Aufwands, der notwendig wäre, um das spaltbare Uran 235 vom Uran 238 zu trennen, hatte er in den Augen höher motivierter Teilnehmer einen wenig hilfreichen Beitrag zur Sache abgeliefert. Zum Schluss wurden dennoch Forschungsaufträge verteilt.

Zehn Tage verstrichen. Dann traf sich der Uranverein in Berlin erneut. Zu den Eingeladenen gehörte jetzt auch Werner Heisenberg. Er hatte sich in den letzten Monaten intensiv mit der Theorie der Kettenreaktionen befasst. Nun erging an ihn der Auftrag, die theoretischen Grundlagen einer Uranmaschine zu entwickeln. Heisenberg gefiel das Thema nicht besonders, aber Weizsäcker riet seinem Freund in Leipzig, mitzumachen. Es war eine Sache, wenn eine gewisse Anzahl von Experimentalphysikern des Uranvereins sich der Lösung kernphysikalischer Probleme zuwenden wollte, doch eine andere, wenn dabei der Name Werner Heisenberg auftauchte. Durch ihn erhielt das Projekt einen anderen Rang. Heisenberg hatte Schüler aus Europa und Amerika betreut und mit einer Elite von Physikern zusammengearbeitet, die in die Emigration gedrängt worden waren. Viele von ihnen wirkten inzwischen wieder im Ausland. Sie alle kannten die exzellenten Fähigkeiten von Werner Heisenberg.

Auch andernorts wurde das Thema Uran mehr und mehr zur staatlichen Geheimsache. Für Leó Szilárd, den aufmerksamen Beobachter, der selbst an Untersuchungen über die Kettenreaktionen beteiligt gewesen war, hatten sich die ihm zugänglichen, beunruhigenden Informationen im Sommer so stark verdichtet, dass er einen Brief an die Adresse von Präsident Roosevelt verfasste, den er Albert Einstein zur Unterzeichnung vorlegen wollte. Der Inhalt beschrieb die aktuelle Erkenntnislage zur Kernenergiegewinnung in verständlichen Worten, die Möglichkeit ihrer militärischen Anwendung und den Blick auf Deutschland. In diesem Zusammenhang merkte der Brief warnend an, dass Deutschland den Verkauf von Uran aus tschechischen Bergwerken unterbunden hatte. Als mögliche Erklärung wurde die hohe Stellung von Weizsäckers Vater in Berlin beim Auswärtigen Amt angeführt. Er könnte von seinem am Kaiser-Wilhelm-Institut für Physik arbeitenden Sohn über die Bedeutung des Urans unterrichtet worden sein. Der Entwurf gipfelte in der Mahnung, deutsche Wissenschaftler könnten ein Rennen um die Atombombe gewinnen. Am 2. August 1939 unterzeichnete Albert Einstein den Entwurf, der jedoch erst am 11. Oktober Gegenstand einer Besprechung bei Präsident Roosevelt wurde – eine Verzögerung, die den Vorgängen in Europa geschuldet war.

Drei Tage nach Kriegsbeginn, am Sonntagvormittag des 3. September, musste der britische Premier Arthur Neville Chamberlain über die BBC seinen Bürgern erklären, dass sich das Vereinigte Königreich, durch einen erst Ende August unterzeichneten Beistandspakt an Polen gebunden, mit dem Deutschen Reich im Krieg befand. Er nannte es eine bittere Sache für seine eigene Person, den Krieg nicht verhindert zu haben. Verhaltensmaßnahmen wurden verkündet. Auch in Edinburgh wird man die unheilvolle Nachricht vernommen haben, aber zunächst änderte sich wenig.

Max Born und Klaus Fuchs arbeiteten an einer höchst theoretischen Angelegenheit, die sogar Albert Einstein interessierte. Born hatte seinem alten Freund davon in einem Brief berichtet und den Beitrag seines Assistenten herausgestellt. Einige Monate später schrieb er erneut an Einstein und erzählte, wie er sich Anfang September, als der Krieg ausbrach, an Bohr gewandt hatte, um von ihm etwas über Heisenberg zu erfahren. Aber Bohr hatte nicht geantwortet. Born sorgte sich um »Niels« und fragte Einstein, ob er vielleicht etwas über Bohr und seine Familie herausfinden könnte.

Der Krieg in Europa beendete den freimütigen Wissensaustausch. Die internationale Wissenschaftsgemeinschaft, in der deutsche Physiker eine führende Rolle gespielt hatten, zerbrach nun in jene, die in Deutschland geblieben waren, und die große Gruppe auf der anderen Seite der Trennlinie. Und mit diesem Bruch kehrte Misstrauen ein.

Präsident Roosevelt konnte in der ersten Besprechung mit seinem Berater nicht sofort den Gefährdungen, über die in Einsteins Brief berichtet wurde, folgen. Er benötigte 24 Stunden, dann begann er zu handeln. Am 19. Oktober teilte er Albert Einstein in seiner Antwort mit, dass er ein Komitee aus zivilen und militärischen Vertretern zu Fragen der Uranforschung eingesetzt habe. Mit dieser Entscheidung wurde von der

Roosevelt-Administration jener Handlungskorridor bestimmt, an dessen Ende die Atombombe stand.

Auch in Deutschland fielen in diesem Oktober wichtige Entscheidungen. Das Heereswaffenamt verfügte, das gut ausgestattete Kaiser-Wilhelm-Institut für Physik in Berlin-Dahlem, in dem Weizsäcker arbeitet, unter seine Leitung zu stellen und es ganz auf die Kernenergieforschung auszurichten.

In die Sowjetunion gelangte die Nachricht von der Entdeckung der Urankernspaltung früh durch einen Brief von Frédéric Joliot-Curie. Als Mitglied der Kommunistischen Partei Frankreichs verfügte er über gute Kontakte zu sowjetischen Physikern. Besonders zu dem weltberühmten Abram Joffe, an den sein Brief gerichtet war, pflegt Joliot-Curie eine enge Verbindung. Natürlich hatte man auch in Moskau die Abhandlung von Flügge gelesen. Auf der 4. Allunions-Konferenz der sowjetischen Wissenschaftler im November 1939 stellten die jungen Physiker Juli Chariton und Jakow Seldowitsch ihre ersten Erkenntnisse vor. Sie beschrieben die Bedingungen für eine Kettenreaktion und verwiesen auf die substanzielle Bedeutung von Uran 235. Vielleicht etwas später als im Westen, aber immer noch im anschlussfähigen Rahmen, stießen auch sie auf die Frage, wie dieses Uranisotop aus den natürlichen Vorkommen gewonnen werden konnte. Wegen der unübersehbaren Folgen und Aufwendungen skeptisch geworden, gaben sich die Autoritäten der Wissenschaftsakademie zum Thema Kernenergie wenig überzeugt und neigten eher zu kleinen Forschungsaufgaben.

Das Kriegsjahr 1940

Zu Beginn des Jahres 1940 sahen die Physiker in Europa und Amerika drei Aufgabenkomplexe vor sich, die auf dem Weg zu einer Freisetzung von Kernenergie gelöst werden mussten. Dazu gehörte erstens die Isotopentrennung. Dann ging es um die Beherrschung der Kettenreaktionen, entweder für einen Reaktor oder für eine Bombe. Ferner ging es um die Frage, welche schweren Elemente außer Uran 235 vielleicht noch für eine Kettenreaktion tauglich sein könnten. Und schließlich mussten

Überlegungen zum Design der Anlage oder Waffe angestellt werden. Bei einem Reaktor wurde die gesteuerte Kettenreaktion angestrebt, wozu es bestimmter Anordnungen bedurfte. Bei der Atombombe ging es um die Handhabung einer kritischen Masse von Uran 235, die sich nicht schon vor der eigentlichen Explosion zerlegen durfte. Natürlich geriet bei der Umsetzung dieser Aufgaben zunächst die Frage in den Vordergrund, wie man zu ausreichenden Mengen an U 235 gelangte. Das Problem lag auf dem Tisch, die Lösung aber längst noch nicht. Man wusste, dass von 1.000 Atomen an natürlichem Uran ungefähr 990 aus dem Isotop U 238 bestehen und etwas weniger als zehn aus dem interessanten und notwendigen Isotop U 235. Das Atomgewicht der beiden Isotope ist – wie die Zahlen 238 und 235 es ausdrücken – nahezu gleich und ihre Form auch. Welche Trennungsverfahren standen zur Verfügung? Gab es überhaupt gangbare Methoden? Darauf konzentrierten sich die Fragen. Vielleicht könnte eine thermische Trennung funktionieren oder eine Zentrifuge, vielleicht das Prinzip der Filterung. Die Physiker rechneten, entwarfen und experimentierten, aber als Ergebnis der ausgeklügelten Überlegungen kam immer das Gleiche heraus: Die Anreicherung von Uran 235, die in großtechnischen Anlagen erfolgen musste, würde riesige Summen kosten.

Am 21. Oktober 1939 war in Amerika das von Präsident Roosevelt eingesetzte Urankomitee zu seiner ersten Sitzung zusammengetreten. Danach geschah wenig, aber Anfang 1940 empfahl es der Regierung, Forschungen zur Isotopentrennung für alle infrage kommenden Verfahren zu unterstützen. Dem Problem der Kettenreaktionen sollten sich Enrico Fermi und Leó Szilárd widmen. Man darf davon ausgehen, dass die Regierung inzwischen genauer über die Forschungen zur Kernenergie in Deutschland Bescheid wusste als zu der Zeit, als Einstein seinen Brief geschrieben hatte. Auch der Verlauf des Krieges dürfte auf die Entscheidungen eingewirkt haben. Das eher tastende Vorgehen wurde beendet, und im Juni 1940 überführte Roosevelt das Urankomitee in das neu geschaffene Komitee für Nationale Verteidigungsforschung. Dessen Leiter, Vannevar Bush, profilierte das Urankomitee für seine wissenschaftlichen Aufgaben und entließ die militärischen Vertreter. Eine weitere personelle Entscheidung betraf die aus Europa geflohenen

Wissenschaftler, die von einer Mitarbeit im neuen Komitee zukünftig ausgeschlossen bleiben sollten. Und schließlich verfügte Bush ein Veröffentlichungsverbot für alle Artikel über die Uranforschung. Hinter diesen Maßnahmen stand eine genaue Zielorientierung, mit der der weitere Weg beschritten werden sollte. Die Forschungen zu den Verfahren der Isotopentrennung und auch die zur Kettenreaktion sollten fortgesetzt werden, »bis der beste Weg zur Atombombe gefunden war«.

Anfang Dezember 1939 und Ende Februar 1940 kam Werner Heisenberg in zwei Berichten für das Heereswaffenamt dem an ihn ergangenen Auftrag nach. Er hatte aufgrund der vorhandenen Befunde in Leipzig viel nachgerechnet. Als Ausgangspunkt dabei wählte er das vorhandene Tröpfchenmodell seines Lehrers Niels Bohr, das dieser 1936 unter Nutzung einer Idee von George Gamow für den Atomkern aufgestellt hatte. Der Däne selbst hatte dann wenige Wochen nach Hahn und Straßmanns Entdeckung diese Theorie auf die Urankernspaltung angewandt und die Ergebnisse auf einer großen Konferenz in den USA vorgestellt.

Inzwischen war fast ein Jahr vergangen, in dem Heisenberg Zeit gehabt hatte, die Mechanismen der Kernspaltungsprozesse theoretisch weiter zu durchdringen. Er konnte jetzt ziemlich genau sagen, wie mit dem Uran weiter zu verfahren sei. Man konnte unter Verwendung bestimmter neutronenbremsender Stoffe eine sich selbst erhaltende Kettenreaktion mit Natururan erreichen. Das wäre dann eine energieerzeugende Uranmaschine der einfachsten Art. Mit angereichertem Uran 235 wären Sprengstoffe herstellbar, die in ihrer Explosionskraft alles bisher Bekannte »um mehrere Zehnerpotenzen« übertreffen würden. Für das Betreiben einer Uranmaschine, so wurde weiter erläutert, wären die Bremssubstanzen von entscheidender Bedeutung. Dafür kämen Wasser, Kohlenstoff und vor allen Dingen schweres Wasser, das Deuterium, infrage. Diese Ergebnisse schienen sich auf den ersten Blick nicht dramatisch von den Befunden der Physiker anderer Länder zu unterscheiden. Der eigentliche Wert lag darin, dass Heisenberg mit seinem Bericht die Barriere von der Vermutung zu halbwegs gesichertem Wissen überschreiten konnte.

In Deutschland und Amerika verfolgten Physiker noch eine andere Spur. Sie waren auf der Suche nach dem noch rätselhaften Element, das später einmal Plutonium heißen wird. Die Theorie von Bohr hatte den Weg dorthin gewiesen. Der Beschuss von U 238 mithilfe von Neutronen sollte nicht nur die halb so schweren Bruchstücke liefern, sondern ein Teil des Urans könnte auch in noch schwerere Isotope, in »Transurane«, umgewandelt worden sein. Im Grunde wurde hier die Ausgangsfrage von Otto Hahn bei seinem Jahrhundertexperiment aufgegriffen. In der ersten Jahreshälfte 1940 erschien zu diesem Problemkreis noch ein Aufsatz in der renommierten amerikanischen Fachzeitschrift »Physical Review«. Auch in Deutschland beschäftigte man sich mit diesen Aussichten. Seit der Regierungsentscheidung im Herbst unterstand Weizsäcker als Mitarbeiter des Kaiser-Wilhelm-Instituts für Physik dem Heereswaffenamt, das nun auch ihm Forschungsaufgaben übertrug. Nachdem mehrere Theoretiker vermutet hatten, dass sich das gesuchte Element leichter spalten lassen könnte, hatte man auch in Dahlem begonnen, sich für die Transurane zu interessieren. Mitte 1940 musste ein Forschungsbericht angefertigt werden.

Der kurze Weg von der Bitterstraße 3, wo Weizsäcker mit seiner Familie eine kleine Villa bezogen hatte, zum Institut führte durch ein überschaubares, idyllisches Wohnviertel. Es lud zum Innehalten ein, man konnte ihn als Spaziergang genießen. Weizsäcker war inzwischen Vater von zwei Söhnen, und das dritte Kind, Tochter Elisabeth, hatte sich angekündigt. Jetzt warteten auf ihn im Institut die letzten Ergänzungen an dem Bericht, den er bald abgeben musste. Was er darin seiner Dienstbehörde mitzuteilen hatte, lag klar umrissen vor – neue und ziemlich folgenreiche Erkenntnisse.

Die Karriere von Weizsäckers Vater im nationalsozialistischen Amt hatte 1938 eine weitere Stufe erreicht, als er vom neuen Außenminister Joachim von Ribbentrop zum Staatssekretär berufen worden war. Der Sohn hatte diesen Aufstieg von ihm erläutert bekommen, er sei notwendig, um die Chance nicht aus der Hand zu geben, dem vorsichtigen Ribbentrop einen Krieg noch ausreden zu können. Ein Jahr später musste er feststellen, dass er seinen Vater »nie so verzweifelt« gesehen hatte wie im Sommer 1939, als klar wurde, dass seine Idee zum Scheitern verurteilt war. Wochen später zahlte die Familie einen bitteren Preis. Am zweiten Tag des Überfalls auf Polen fiel der 22-jährige Bruder Heinrich. Er war fünf Jahre jünger als Carl Friedrich.

Es gab immer wieder Gespräche zwischen dem Vater und dem Physikersohn, beide wohnten in Berlin, aber die neuesten Entwicklungen in der Physik, von denen der Vater in Andeutungen gehört haben dürfte, wird dieser nur nebenbei begleitet haben. Vielleicht war ihm bei seinem Sohn ein übertriebener Ehrgeiz aufgefallen, der einem bedachten Urteil nicht zuträglich sein würde.

Weizsäcker beendete seinen Bericht an das Heereswaffenamt im Sommer 1940. In verständlichen Worten wurden verschiedene Varianten von Uranmaschinen zur Energiegewinnung erläutert. Die wichtigste Aussage war, dass es über die Spaltung des reichlich vorkommenden U 238 in einer Uranmaschine einen Weg zu einem neuen Kernsprengstoff gibt, dem Element 94 – Plutonium.

Gewiss stand hinter der Mitarbeit am Uranprojekt bei manchen Beteiligten auch ein persönliches Motiv, das je nach politischer Prägung mehr oder weniger ins Gewicht fiel. Herausragenden Wissenschaftlern und Direktoren wie Otto Hahn gelang es immer wieder, für ihre Mitarbeiter eine Freistellung vom Wehrdienst zu erlangen, die allerdings nie endgültig ausgesprochen wurde, sondern immer wieder erneuert werden musste. Weizsäcker, der inzwischen ein Team am Kaiser-Wilhelm-Institut leitete, hatte mit zwei seiner jungen Leute weniger Glück. Das Institut konnte ihre Einberufung Anfang 1941 nicht verhindern. Einer von ihnen, der Theoretiker Paul Otto Müller, hatte seinen Weg aus Graz nach Berlin gefunden, nachdem sein renommierter Doktorvater Erwin Schrödinger 1938 von den Grazer Behörden entlassen worden war. Müller verfügte über einen exzellenten physikalischen Verstand, was den Nobelpreisträger Schrödinger dazu bewogen hatte, die nationalsozialistische Gesinnung seines Schülers schweigend zu tolerieren. In Berlin entstanden aus Müllers Feder mehrere Geheimberichte über die Forschungen zur Uranmaschine. In einem dieser Berichte berechnete er als einziger den richtigen Wert, auf den das Uranisotop 235 für eine Bombe angereichert werden müsste.

In der Sowjetunion schrieb Igor Kurtschatow Anfang 1940 einen Brief an die Akademie der Wissenschaften, in dem er Unterstützung für die Erforschung und Realisierung von Kettenreaktionen einforderte, nachdem seine Mitarbeiter durch Experimente bessere, sicherere Erkenntnisse gewonnen hatten. Er wurde daraufhin nach Moskau gebeten, aber auch jetzt blieb das Urteil der Verantwortlichen zunächst verhalten. Dann, im Juni 1940, wurde von der Akademie plötzlich doch eine Kommission für das Uranproblem gebildet. Ihr gehörten auch die ausgewiesenen Experten Kurtschatow und Chariton an. An die neue Urankommission erging der Auftrag, Verfahren für die Isotopentrennung zu entwickeln, den Bedarf an Uran zu bestimmen und die Erforschung einer gesteuerten Kettenreaktion anzuleiten. Mit diesem Schritt erreichte die sowjetische Kernforschung auch mit Blick auf die Bündelung der Kräfte und die erforderlichen Ressourcen eine neue Qualität. Ein Verbot, Forschungsergebnisse zu veröffentlichen, stand zu diesem Zeitpunkt noch nicht auf dem Plan. Aber etwas anderes geschah: Die beiden jungen russischen Physiker Konstantin Petrschak und Georgi Fljorow hatten eine höchst interessante Variante der Kernspaltung entdeckt. Sie konnten durch Experimente nachweisen, dass es die spontane Spaltung von Uranatomen, die Niels Bohr vorhergesagt hatte, tatsächlich gab. Ihre Ergebnisse wurden im Juli 1940 in der amerikanischen Fachzeitschrift »Physical Review« veröffentlicht. Die Arbeit besaß einen erheblichen Neuigkeitswert, und deshalb warteten die beiden Autoren zurecht auf eine Resonanz, vielleicht auch auf etwas Anerkennung in einem der nächsten Hefte. Doch nichts geschah. Selbstbewusst genug, um dieses Schweigen nicht der Qualität ihrer Arbeit anzulasten, blieb für sie nur eine Erklärung: Die Uranforschung war in den USA und Europa zur Geheimsache geworden, und das konnte nur bedeuten, dass militärisch relevante Forschungen begonnen hatten.

Bis in den Mai 1940 hinein hatte relative Ruhe geherrscht auf den westlichen Kriegsschauplätzen. Dann wurden Belgien und die Niederlande von der Wehrmacht angegriffen. Diese Feldzüge bildeten die Vorbereitung für den Krieg gegen Frankreich, der kurze Zeit später begann und mit der Kapitulation der französischen Armee endete. Einen Monat früher hatten deutsche Truppen Dänemark und Norwegen besetzt. An den Kämpfen in den Vogesen nahm auf französischer Seite als einfacher Soldat Wolfgang Döblin teil, der Sohn des Schriftstellers Alfred Döblin. Wolfgang wurde 1915 geboren, seine Familie emigrierte 1933 über Zürich nach Paris. Hier hatte er sein Mathematik- und Physikstudium beendet und für sich als Spezialfach die neue und zukunftsträchtige Wahrscheinlichkeitstheorie entdeckt. Hochbegabt konnte er schon mit Anfang 20 große Erfolge in diesem Fach verbuchen. 1936 wurde er französischer Staatsbürger. Während seiner Militärzeit – anfangs standen noch keine Kampfhandlungen an – schickte er im Frühjahr 1940 einen versiegelten Brief an die Pariser Akademie der Wissenschaften. Nach Beginn des deutschen Angriffs geriet die Einheit Wolfgang Döblins zwischen die Fronten. Tief deprimiert von den Vorgängen und die Gefangenschaft vor Augen, nahm er sich im Juni 1940 das Leben. Er war 25 Jahre alt geworden. Erst Jahrzehnte später wurde Wolfgang Döblins vergessener Brief an die Pariser Académie des Sciences gefunden und geöffnet. Die Mathematiker stellten dabei fest, dass wichtige Erkenntnisse, die andere erst Jahre nach dem Krieg formuliert hatten, hier bereits aufgeschrieben standen. Kriege vernichten mit dem Leben von jungen Wissenschaftlern auch ihre kleinen und großen Ideen. Und nur selten, wenn mal wie hier der Zufall eingreift, wird offenbar, was alles verlorengegangen ist.

Als sich in England die Erzählung verbreitete, in den Kriegsgebieten von Belgien, den Niederlanden oder Frankreich beheimatete Deutsche hätten Hitlers Invasionstruppen unterstützt, griff die Besorgnis vor Ähnlichem auch in England immer mehr um sich. Die Lage auf dem englischen Kriegsschauplatz in diesen Sommermonaten 1940 war äußerst angespannt. Über der Insel rangen die Geschwader beider Seiten um die Lufthoheit. Deutsche U-Boote attackierten englische Schiffe. Churchill beschloss wegen einer möglichen Invasion, alle in Großbritannien lebenden Deutschen inklusive der Emigranten zu feindlichen Ausländern zu erklären. Von wenigen Ausnahmen abgesehen setzte eine Welle der Internierungen ein, und da die englischen Lager bald überfüllt zu sein drohten, wurden Internierungs-Transporte organisiert, erst zur Isle of Man, später dann nach Kanada. Im Juli 1940 musste auch Klaus Fuchs die Überfahrt antreten. Sein Lehrer Max Born entging der Internierung, weil er wenige Wochen vorher die britische Staatsbürgerschaft erlangt hatte. Das Gros der Passagiere des Schiffes, das den Transport durchführte, bestand aus jüdischen Emigranten. Aber auch der Sohn des Kronprinzen Friedrich von Preußen gehörte als Internierter zu den Passagieren. Das Geschehen während der Überfahrt prägte sich Klaus Fuchs tief ein. Auf dem Schiff verbreitete sich schnell die Nachricht, dass ein Transporter mit dem Namen SS Arandora Starr, der fast zeitgleich abgelegt hatte, am 2. Juli von einem deutschen U-Boot versenkt worden war. 800 Menschen kamen dabei ums Leben. Nun griffen in der ohnehin bedrückten Stimmung Angst und Verzweiflung um sich. Man zog sich in seine Hängematten zurück. Trotz ruhiger See wurden viele seekrank. Es herrschten unerträgliche hygienische Zustände. Fuchs begann, in dieser widrigen Lage zusammen mit anderen Kommunisten die Mitreisenden so gut es ging zu beruhigen, aufzumuntern und für eine gewisse Sauberkeit zu sorgen. Die Lage entspannte sich, und dieser Erfolg blieb ihm in Erinnerung als ein lehrreiches Beispiel dafür, dass der Geist solidarischen Handelns Berge versetzen konnte.

3.2 »Der beste Weg zur Bombe«

Das Kriegsjahr 1941

Anfang 1941 wurde Fuchs aus dem Internierungslager in Kanada entlassen. Es hatte in Edinburgh eine starke Bewegung gegen die willkürlichen Internierungen gegeben, und ein Komitee für Flüchtlinge, das für Fuchs gutsagte, hatte den Weg für die Rückkehr geebnet. Zur Freude seines Lehrers Max Born konnte jetzt die gemeinsame Arbeit an der verwickelten Theorie, die die beiden schon vor einem Jahr begonnen und mit dem Arbeitsbegriff »Übermechanik« versehen hatten, fortgesetzt werden. Bis zu diesem Zeitpunkt kannte Fuchs die Fragen der Urankernforschung nur aus der Sicht eines Unbeteiligten und wohl auch Uninteressierten. Anders stellte sich der Stand dieser Forschungen in der Wahrnehmung der Regierenden dar.

An einem Backsteingebäude der Universität von Birmingham fällt eine runde Gedenkplakette auf. Auf blauem Grund liest man die Namen

Otto Frisch und Rudolf Peierls. Die Plakette erinnert daran, dass diese beiden Physiker im Jahre 1940 die »Machbarkeit einer aus der Luft abgeworfenen atomaren Waffe« begründeten.

Rudolf Peierls, ein Berliner jüdischer Herkunft, hatte Physik bei Heisenberg in Leipzig studiert und ist bei ihm 1928 auch promoviert worden. Ähnlich wie Fuchs, nur einige Jahre früher, hatte er sich dann mit den Anwendungsmöglichkeiten der neuen Quantenmechanik in der Physik fester Körper befasst. 1933, während der Machtübernahme Hitlers, hielt er sich als Rockefeller-Stipendiat in Cambridge auf, von wo er nicht mehr nach Deutschland zurückkehrte. Vier Jahre später erhielt er eine Professur an der Universität von Birmingham.

Otto Frisch studierte in Wien Physik, auch er emigrierte 1933 nach England, ging aber bald zu Bohr an dessen Institut in Kopenhagen. Dort befasste er sich mehrere Jahre mit kernphysikalischen Problemen. Im Herbst 1939 kam er vollgepackt mit den neuen Erkenntnissen zur Kernspaltung, die er zusammen mit Lise Meitner gewonnen hatte, ebenfalls nach Birmingham.

Peierls wird sich noch an den öffentlichen Vortrag erinnert haben, den Bohr im Juni 1939 in Birmingham gehalten hatte. Damals schon hatte der Däne seinen Zuhörern über die neue Spaltungsbombe berichtet, die mit Uran 235 möglich wäre – möglich, aber für die nahe Zukunft nicht sehr wahrscheinlich, weil die Trennung der Uranisotope riesige technische Anstrengungen erfordern würde. Nun herrschte Krieg und Peierls und Frisch waren tief beunruhigt von den Aussichten der Urankernspaltung in Deutschland. Was getan werden musste, lag für sie jetzt auf der Hand. Sie widmeten sich der militärischen Nutzung, schlossen Nebenwege aus und konzentrierten sich auf das spaltbare U 235. Für das komplizierte Problem der Anreicherung von U 235 aus den Uranvorkommen untersuchten sie das Verfahren der Gasdiffusion. Sie erlaubten sich auch schon eine Mengenangabe, wie viel U 235 für eine Atombombe erforderlich sein könnte, und schätzten es auf einige Kilogramm. Im Frühjahr 1940 hatten sie ihre Erkenntnisse in einem Memorandum an den wissenschaftlichen Berater von Premierminister Churchill geschickt: »Über die Konstruktion einer Superbombe auf der Grundlage einer nuklearen Kettenreaktion im Uran« hieß es da.

Bomben fielen. Der Krieg zwischen England und Deutschland wurde in den nächsten Monaten in der Luft ausgetragen. Am 12. Mai 1940 hatte Churchill den Befehl gegeben, die Stadt Mönchengladbach und ihre Umgebung anzugreifen. Das war als Antwort auf den beginnenden Westfeldzug der Wehrmacht gedacht gewesen, die ihre Truppen durch diese Region schicken musste. Bombenangriffe als Nadelstiche. Die großen Zerstörungen, die sogenannten Flächenbombardements, kamen noch. Wer den Luftkrieg vor Augen hatte, der hatte auch eine Vorstellung von der immensen Bedeutung einer »Superbombe«. Kurz nach Eingang des Memorandums von Frisch und Peierls hatte man im April unter der Leitung des Ministers für Flugzeugbau ein geheimes Komitee mit dem Codenamen »MAUD« gegründet. In dieser Runde untersuchten britische Wissenschaftler die Möglichkeiten zum Bau einer Uranbombe weiter. Die Autoren des Memorandums hatte man nicht eingebunden. Da sie zu diesem Zeitpunkt noch keine britische Staatsbürgerschaft besaßen, war ihnen die Mitarbeit an geheimen kriegswichtigen Forschungen, worunter zu diesem Zeitpunkt allerdings in erster Linie die Entwicklung des RADAR fiel, verwehrt worden. Dennoch wurden für Rudolf Peierls und Otto Frisch Mittel bereitgestellt. Beide entgingen der Internierung und konnten die Bombenforschung weiter vorantreiben. Die britische Regierung bekam allmählich Angst. Der Minister für Versorgung hatte die möglichen Wirkungen einer Uranbombe für London untersuchen lassen, die sich als verheerend erwiesen.

Anfang Mai 1941 hielt Rudolf Peierls nach einem fähigen jungen Physiker Ausschau. Er las die wissenschaftlichen Artikel von Klaus Fuchs, die ihn sofort überzeugten. Dann erkundigte er sich bei Nevill Mott und Max Born nach ihm, die beide das beste Zeugnis über Fuchs abgaben. Am 10. Mai lud er Fuchs in einem Brief ein, nach Birmingham zu kommen, er solle an kriegswichtigen Forschungen mitarbeiten. Mehr könne er nicht sagen, das MI 5 hielt sich noch bedeckt mit einer Sicherheitsüberprüfung. Fuchs ahnte, nein, eigentlich wusste er, worum es ging. Born, sein Lehrer, wusste auch, dass hier die Kernspaltung Thema sein würde oder, noch genauer, die Atombombe. Ihm graute vor den Aussichten einer solchen Waffe in Menschenhand. Seinem Schüler riet er dringend ab von einer Mitarbeit, aber der entschied sich anders. Als

Fuchs in Birmingham ankam, wurde er vorerst nur mit mathematischen Problemen betraut. Sein Chef empfing ihn mit offenen Armen und bot an, dass er als Untermieter in das Haus der Peierls einzieht. Rudolf und Genia Peierls hatten sich 1930 während einer Konferenz in Odessa kennengelernt. Näher gekommen sind die beiden sich dann bei einer längeren Schiffstour auf dem Schwarzen Meer, die für die Konferenzteilnehmer veranstaltet worden war. Der damals 23-jährige deutsche Physiker fühlte sich von der russischen Physikerin Genia Kannegiser sehr angezogen, er wollte sie unbedingt wiedersehen. Das gelang einige Monate später. Peierls nutzte die Einladung zu einer Vorlesungsreihe, um wieder nach Leningrad zu fahren. Und schon bei diesem zweiten Besuch festigten die beiden ihre Verbindung und heirateten im März 1931.

Nun, zehn Jahre später, kümmerte sich das Paar hingebungsvoll um seinen Untermieter. Peierls war über die politische Vergangenheit von Fuchs ungefähr im Bilde und er wusste auch von den Vorbehalten britischer Sicherheitsleute gegenüber kommunistischen Ausländern. Aber für ihn zählte in erster Linie das fachliche Niveau. Nach einigen Wochen, noch im Juni, wurde für Fuchs vom Ministerium für Flugzeugbau eine Freigabe ausgesprochen, mit der er über das Notwendigste in Kenntnis gesetzt werden durfte. Gleichzeitig wurde er als Geheimnisträger verpflichtet.

Zu der erweiterten Gruppe gehörte auch Francis Simon, wie Peierls ein gebürtiger Berliner, der in Oxford lehrte und forschte. Er war um einige Jahre älter als die anderen und so etwas wie ein Senior der Gemeinschaft. Die Forschungen kamen gut voran, man untersuchte die möglichen Varianten der Isotopentrennung, denn mit ihnen stand und fiel die notwendige Anreicherung von U 235. Simon widmete sich der Gasdiffusion. Mit Theorie hatte er nicht so viel im Sinn, er experimentierte lieber. Experimentalphysiker und Theoretiker verstehen sich manchmal nicht so gut. Fuchs fiel die Aufgabe zu, eine Brücke zwischen beiden zu schlagen. Er schrieb Einführungen zu den geplanten Experimenten, die den theoretischen Hintergrund verständlich darlegten. Die zentrale Herausforderung bestand aber aus einer Gruppe von Problemen, die immer dann entstehen, wenn man ein funktionierendes Verfahren vom Labormaßstab in eine Großanlage überführen will. Mit deren Lösung, die höchste mathematische Anforderungen stellte, beschäftigte sich Fuchs in erster Linie. Mit diesen Überlegungen wurde ganz gezielt der Weg zum Uran 235 und zur Bombe beschritten. Man kannte in diesen Kreisen Werner Heisenberg gut, man wusste, dass er die Nazis nicht mochte, aber man schrieb ihm eine deutschnationale Gesinnung zu. Immer wieder wurden in der Gruppe zusammen mit dem Namen Heisenberg die Chancen für eine deutsche Atombombe diskutiert. Welchen Weg die deutschen Physiker gehen würden, konnten sie nur vermuten.

Fuchs war ein stiller und schweigsamer Untermieter. Die Peierls wohnten im Birminghamer Stadtteil Edgbaston. Von ihrem Haus in der Calthorpe Road zum Ostteil des Campus lief man zu Fuß etwa 30 Minuten. Sie hatten ihren Untermieter wie einen lieben Verwandten aufgenommen. Ihnen fiel auf, dass Fuchs sich öfter krank fühlte. Wahrscheinlich saß er im Institut bis spät in die Nacht am Schreibtisch. Es ging auch um viel. Das MAUD-Komitee wollte seinen Bericht fertigstellen. Fuchs sollte die Mathematik für die Theorie der Gasdiffusion beisteuern und er gab die Lösung jener Gleichung an, mit der man die kritische Masse der Urankugel für eine Atombombe berechnen konnte. Im Juni lag der Bericht vor. Die Autoren gingen davon aus, dass bis Ende 1943 eine Atombombe hergestellt werden könnte, man würde weniger als 25 Kilogramm Uran 235 benötigen. Dann wurde der Aufbau der Bombe beschrieben. Zwei Halbkugeln aus Uran müssten aufeinander gefeuert werden, sodass aus zwei »unterkritischen« Massen eine »kritische« entsteht.

Nach der verlorenen Luftschlacht über England hatten die Sorgen wegen einer Invasion der Deutschen auf der Insel nachgelassen. Dennoch veränderte sich der Kriegsverlauf auf dramatische Weise. Am 22. Juni überfielen Hitlers Truppen die Sowjetunion. Churchill versprach dem Land »Unterstützung und Hilfe jeder Art«. Am 13. Juli konnten die Bürger Englands durch die BBC erfahren, dass der englische Botschafter Sir Stafford Cripps und Außenminister Molotow eine Vereinbarung unterzeichnet hatten, die die angekündigte gegenseitige Unterstützung verbindlich zusagte. Im Herbst des Jahres begannen umfangreiche Transporte von Waffen und anderen Militärgütern. Kampfflugzeuge, Bomber,

Flakgeschütze, drei Millionen Paar Stiefel für den einsetzenden russischen Winter und selbst die neuesten RADAR-Geräte wurden geliefert. Allerdings – der Austausch von Informationen, einschließlich der wissenschaftlichen, fand noch nicht statt. Über diesen verabredeten Punkt herrschte vonseiten Großbritanniens Zögerlichkeit, die wuchs, je deutlicher sich abzeichnete, dass der Weg zur Atombombe einer Kooperation mit den USA bedurfte.

Klaus Fuchs stand im 30. Lebensjahr. Seine Liebe zur Mathematik hatte ihn immer begleitet. Diesem Fach hatte er sich als Schüler und auch während seines Studiums begeistert gewidmet. In Kiel, bei seinem Lehrer Abraham Fraenkel, hatte er sich mit einer Jahrhundertaufgabe vertraut machen dürfen. David Hilbert hatte sie um 1900 als eines seiner berühmten 20 Probleme den Mathematikern aller Länder ins Stammbuch geschrieben: eine neue Begründung der gesamten Mathematik. Daran mitzuwirken wäre gewesen, als hätte man einen neuen Kosmos erschaffen – nicht den um die Erde herum, sondern einen im Geiste. Doch das Schicksal hatte ihn in eine andere Richtung geführt, eine, die von ihm verlangte, diese mathematische Neigung in sich zunächst zu unterdrücken. Das frühe Diktum, etwas zu lernen, was für den späteren sozialistischen Aufbau Deutschlands von Nutzen wäre, führte ihn zur Physik. Hier gelang ihm eine einzigartige Entwicklung und Profilierung, die ihn ins Zentrum der britischen Landesverteidigung führte und alle Chancen für spätere Ehrungen offenhielt. Das bedeutete viel für einen jungen deutschen Emigranten in dem Land, das einen erbitterten Krieg mit Deutschland führte. Das versöhnte ihn damit, den großen mathematischen Traum aufgegeben zu haben. Und doch – nicht so viel, dass er diesen glänzenden Karriereweg nicht gefährden würde, wenn äußere Ansprüche, die an seine politischen Überzeugungen appellierten, dies von ihm verlangten. Diese Bereitschaft hatte sich schon einmal gezeigt, bei seiner Unterstützung für die spanische Republik. Sie würde wieder gelten – nach dem Überfall auf die Sowjetunion.

Nach den Berichten Weizsäckers und vor allem Heisenbergs, die 1940 vorlagen, hatte sich unter den beteiligten Wissenschaftlern in Deutschland ein Fahrplan abgezeichnet für das, was in den kommenden Monaten an Aufgaben erledigt werden musste. Der Weg zu einer funktionierenden Uranmaschine führte über geeignete Bremssubstanzen und ausreichende Mengen an Uran. Zuerst befasste man sich mit Kohlenstoff als Moderator. Walther Bothe in Heidelberg prüfte dessen Eignung und kam zu widersprüchlichen Befunden. Das führte dazu, dass Kohlenstoff oder Graphit als Bremssubstanz nicht mehr in Betracht gezogen wurden. Dass Graphit doch funktioniert hätte, erfuhren die deutschen Physiker erst nach Kriegsende. Dieser späten Einsicht schloss sich ein heftiger Disput an, bei dem Heisenberg seinem Kollegen Bothe zuerst vorwarf, erheblich zum Scheitern des Uranprojekts beigetragen zu haben. Der protestierte zwar, und Heisenberg milderte sein Urteil ab, aber der zweideutige Selbstvorwurf, »Wir hätten es trotzdem versuchen müssen!«, war bei ihm und seinem Kreis nicht ganz verstummt. Statt Graphit rückte nun schweres Wasser in den Mittelpunkt, dessen Eignung zwar sicher war, dessen Beschaffung aber keineswegs. Auf einer Konferenz im Frühjahr 1941 mündeten die verschiedenen Forschungsansätze in die beiden Hauptprobleme: Herstellung von schwerem Wasser und Uranisotopentrennung. Die Beschaffung von schwerem Wasser ließ sich als Weg zu einer Plutoniumbombe interpretieren, die Isotopentrennung, also die Herstellung von U 235, hingegen als Weg zur Uranbombe. Schnell stellte sich heraus, dass diese beiden technologischen Herausforderungen unter Kriegsbedingungen in Deutschland kaum umgesetzt werden konnten. Eine Möglichkeit, an schweres Wasser zu gelangen, bot sich in Norwegen bei dem Unternehmen Norsk Hydro an, das sich nach der Invasion ein Jahr vorher nun in deutscher Hand befand. Daneben versuchte man, eigene Verfahren zu entwickeln, die auf Dauer zu geringeren Kosten führen sollten. Diese Bestrebungen wurden allerdings vom Heereswaffenamt wegen der hohen Investitionen blockiert. Bei dem zweiten Problem, der Anreicherung und Trennung von Uran 235 vom Natururan, also der Isotopentrennung, wurden verschiedene Verfahren geprüft und entwickelt. Aber keines führte je zur Umsetzung in eine funktionierende großtechnische Anlage. Das Heereswaffenamt fasste diese mageren Ergebnisse zusammen: Jetzt solle verstärkt auf eine Uranmaschine gesetzt werden, mit der das Element 94, namens Plutonium, gewonnen werden konnte.

Dieser neuen Orientierung folgte Weizsäcker im Frühsommer 1941 mit einer Patentanmeldung, in die er seine Mitarbeiter nicht eingebunden hatte. Sie beschrieb ein Verfahren zur »explosiven Erzeugung von Energie« auf der Grundlage des Elements 94. In den Tagen, als sich die Anmeldung auf dem Weg zum Patentamt in Berlin befand, hatte Klaus Fuchs in England gerade seinen Weg in die Gruppe von Rudolf Peierls gefunden.

Erste Vorversuche mit einer Uranmaschine hatten schon im Juni 1940 an der Universität Leipzig und etwas später im Dezember am Kaiser-Wilhelm-Institut in Berlin-Dahlem begonnen. An beiden Standorten stand als theoretischer Kopf Heisenberg an der Spitze. In beiden Fällen konnte keine Neutronenvermehrung gemessen werden, die Ansätze für eine Kettenreaktion angezeigt hätte. Diese Versuche wurden jetzt, 1941, mit größerem Einsatz fortgesetzt. Hinzu gesellte sich ein dritter Standort, den der vom Heereswaffenamt eingesetzte Verwaltungschef des Physik-Instituts in Dahlem, Kurt Diebner, bestimmt hatte. Diebner stand in dem Ruf, ein guter Experimentalphysiker zu sein und zugleich ein überzeugter Nationalsozialist. Er ließ in der Heeresversuchsanstalt Kummersdorf/Gottow eine Versuchsanlage bauen. In allen drei Versuchsanlagen bestand die große Herausforderung darin, den richtigen Aufbau von Uran und Bremssubstanz zu finden. Die Theorie konnte einiges berechnen, was die Gruppe um Weizsäcker auch tat, aber die gesamte Aufgabe konnte im Voraus nicht theoretisch durchdrungen werden. Als Baudesigns boten sich an: Schichtanlagen, wo Uranschicht und Moderatorschicht wechselten, kugelsymmetrische Anordnungen oder Würfelelemente in der Bremssubstanz. Ein ständiges Hindernis bestand in den begrenzten Vorräten an Uran und schwerem Wasser. Es war einiges in Bewegung gekommen – dennoch endete das Jahr 1941 mit dem Ergebnis, dass eine gesteuerte Kettenreaktion noch nicht erreicht werden konnte.

Niels Bohr feierte im Oktober dieses Jahres seinen 56. Geburtstag. Er hatte sich zurückgezogen seit der Besetzung seines Landes durch die Deutschen. Sein Institut gab es noch, er konnte auch noch arbeiten, aber die täglichen Gefährdungen bedrückten ihn. Hinzu kamen die Nachrichten vom Krieg in Russland und den überwältigenden militärischen Erfolgen der Deutschen. Wohin würde das führen? Auf diese Fragen wusste er, dessen Metier doch aus dem Finden von Antworten bestand, keine Antwort. Einige Diplomaten und Politiker glaubten schon jetzt, dass Hitler mit dem Überfall auf die Sowjetunion den Krieg verloren hätte. Nach der Schlacht um Moskau wussten sie es sicher.

Heisenberg, gewiss kein Diplomat und noch weniger Politiker, hatte an dem schicksalhaften Tag des deutschen Überfalls, dem 22. Juni 1941, seiner Frau Elisabeth geschrieben: »Mich macht diese Wendung des Krieges im Ganzen optimistischer«, denn »vielleicht wird die Verständigung mit der angelsächsischen Welt jetzt leichter.«[1] Niels Bohr gehörte zu dieser »angelsächsischen Welt«, als Heisenberg eine Reise zu ihm ins Auge fasste. Er und Weizsäcker machten sich Gedanken über die Gefahren, die ihrem Lehrer drohten. Und dann gab es noch diesen Wunsch nach »Verständigung« wegen der bedrohlichen Entwicklungen in der Atomphysik. So eine Reise in das nahe Kopenhagen – immerhin gehörten beide Deutschen zum Kreis von Geheimnisträgern – ließ sich nicht mehr so leicht bewerkstelligen, wie das früher einmal möglich gewesen war. Weizsäcker aber fand einen Weg über den deutschen Gesandten in Kopenhagen, den sein Vater gut kannte. Mit dessen Hilfe wurde im Herbst 1941 eine Konferenz zu astrophysikalischen Themen organisiert, zu der beide eine Einladung erhielten. Ein Treffen konnte jetzt stattfinden. Heisenberg erwartete eine Reise in seine Vergangenheit, in seine Jugend, zurück zu den wunderbaren Stunden gemeinsamer Erkundungen einer revolutionär neuen physikalischen Welt. Am 16. September fuhr er mit dem Zug bei strömendem Regen von Berlin ab, abends kam er bei sternklarem Himmel in Kopenhagen an und ging durch verdunkelte Straßen gleich zu den Bohrs. Er wurde von dem Ehepaar herzlich empfangen. Am nächsten Tag besuchte er die Familie wieder, das Gespräch drehte sich jetzt auch um die Politik. Am 18. September machte Bohr morgens mit Heisenberg einen Spaziergang zum Hafen an der »Langelinie«, wo jetzt die deutschen Kriegsschiffe festgemacht hatten. Danach besuchten beide das Bohr'sche Institut. Der vorgeschobene Grund der Reise, ein Vortrag Heisenbergs auf der Konferenz, fand am nächsten Tag statt. Am 20. September lud die deutsche

Gesandtschaft zu einem Essen ein. Abends statteten Heisenberg und Weizsäcker den Bohrs erneut einen Besuch ab. Bohr war der Konferenz und auch dem Treffen in der Gesandtschaft ferngeblieben. Die Verständigung, die Heisenberg anstrebte, schien wie durch eine unsichtbare Wand blockiert zu sein. Vieles konnte man in diesen Tagen besprechen. Doch dass Heisenberg und Weizsäcker sich gegenüber Bohr überzeugt davon zeigten, Deutschland werde den Krieg gewinnen, muss den Hausherrn tief getroffen haben. Zu dem gut gemeinten Vorschlag der beiden, er möge doch um seiner selbst willen mit den Besatzern kooperieren, schwieg er. Und er schwieg auch, als er den Andeutungen Heisenbergs entnehmen konnte, dass in Deutschland alles dafür getan würde, eine Atombombe zu entwickeln. Was Bohr von jenen Gesprächen mitnahm, ebenso wie der Eindruck Heisenbergs, dass Bohr über seine Nachricht schockiert gewesen sei, sollte viele Jahrzehnte lang für Diskussionen sorgen. Heisenberg und Weizsäcker kehrten am 21. September mit einem schlechten Gefühl nach Berlin zurück. Die Idee eines Forschungsmoratoriums innerhalb der internationalen Physiker-Community, die die beiden Niels Bohr unterbreiten wollten, hatte sich durch die Umstände des Besuchs erledigt. Zu diesen Umständen gehörte leider auch, dass Heisenberg in den ganzen vier Tagen seines Besuchs in Kopenhagen, von wo er seiner Frau drei Briefe schrieb, es versäumt hatte, wirklich offen mit seinem alten Lehrer zu reden. Die Vorsicht, mit der Heisenberg im Gespräch über die Atombombe auftrat, nährte bei Bohr den schwerwiegenden Verdacht, dass dem Treffen eine Vereinbarung mit deutschen Regierungsbehörden zugrunde gelegen haben könnte.

Einen Monat, nachdem Heisenberg den Zug nach Kopenhagen bestiegen hatte, um dort mit Weizsäcker das Terrain naiver Diplomatie auszumessen, am 18. Oktober 1941, setzte sich ein anderer Zug in Bewegung. Er fuhr von Grunewald ab. Sein Ziel hieß: Ghetto von Litzmannstadt. Mit ihm begannen die Deportationen in die Vernichtungslager des Ostens. In diesem ersten Zug mit über 1.000 Berliner Juden befand sich auch Meta Friedensohn, die Mutter von Weizsäckers Schulfreund Hans. Knapp acht Monate dauerte ihr Leiden. Am 8. Mai 1942 wurde sie im Vernichtungslager Kulmhof ermordet.

Es war nur ein kleiner Flecken im Gebiet von Kaluga in Russland: Im Oktober 1941, als der Blitzkrieg noch halbwegs funktionierte, hatten die deutschen Truppen Suchinitschi eingenommen. Ein bedeutender Eisenbahnknotenpunkt gehörte zu dieser Stadt von ein paar Tausend Einwohnern. Dann brach langsam der Winter herein. Die Welt schaute auf die Schlacht um Moskau, weniger auf Suchinitschi, wo sich die Deutschen nun eingenistet hatten. Aber der Winter schlug überall zu. Die Temperaturen sanken auf 25 Grad minus, unüberwindliche Schneewehen bedeckten Straßen und Eisenbahngleise. In den Gräben und in den Unterständen hausten erschöpfte Soldaten, nicht ausgerüstet für so einen Winter. Im Dezember begann die Rote Armee mit ihrer Offensive und schlug die Heeresgruppe Mitte vor Moskau zurück. Nie wieder würde die Wehrmacht so nah an der Hauptstadt sein. Der Blitzkrieg war gescheitert. Auch bei Suchinitschi wurde gekämpft, die Stadt wurde umgangen und drohte, eingeschlossen zu werden. Nur einen schmalen Korridor gab es noch nach hinten, dort, wo der kleine Ort Pechenkino lag und andere Orte. In den Weihnachtstagen wurden die Angriffe heftiger. Irgendwo hier befand sich auch als Soldat der Theoretiker Paul Otto Müller, mit seinem einzigartigen Wissen, seinen begnadeten Fähigkeiten. Die Kämpfe dauerten fort. Suchinitschi musste aufgegeben werden. Anfang März 1942 gingen die Angriffe noch intensiver in Richtung Pechenkino voran, es gab wieder viele Tote. In diesen Tagen, am 9. März, endete das Leben des Physikers Paul Otto Müller, der genau aufgeschrieben hatte, wie stark U 235 angereichert werden müsste, um als Sprengstoff zu funktionieren.

Auf der anderen Seite der Front, im überfallenen Land, steckte die militärische Verwendung der Kernenergie immer noch in den Kinderschuhen. Igor Kurtschatow hatte in der ersten Jahreshälfte mehrere Versuche unternommen, die zuständige Urankommission bei der Akademie der Wissenschaften zu Entscheidungen zu drängen. Er hatte dabei nicht nur fachliche Argumente über die militärische Nutzung der Kernenergie vorgelegt, sondern auch erläutert, was auf dem Spiel stehen könnte. Die Prioritäten waren anders gesetzt worden. Kurtschatow und andere Kernphysiker hatten das Feld der Uranforschung verlassen müssen, um bei ingenieurtechnischen Aufgaben zu helfen. Ab Herbst

1941 musste er sich mit Verfahren befassen, die Schiffe vor Seeminen schützen sollten. Auch ein fachlich qualifiziertes Seminar in Kazan, das für den Dezember anberaumt worden war und bei dem noch einmal die militärische Anwendung der Kernenergie im Mittelpunkt stand, brachte keine Wende. Die führenden Akademiemitglieder Abram Joffe und Pjotr Kapitza – auch Kapitza war ein international renommierter Physiker – äußerten sich zurückhaltend. Solch eine Bewertung hatte ein Gewicht, als wäre sie direkt aus dem Götterolymp gesandt worden. Sie hatten sich weniger an der prinzipiellen Machbarkeit gestoßen, die sie wohl einsahen, sondern vielmehr an der unabsehbaren Größe der materiellen Herausforderungen. Auch Kernphysiker wurden in den Krieg geschickt, und die physikalischen Institute in den wissenschaftlichen Zentren mussten sich mit ihren Einrichtungen jenseits des Urals begeben.

In Amerika kam man auch in der zweiten Jahreshälfte 1940 bis weit in das Jahr 1941 hinein über die Phase des Suchens und Prüfens nicht hinaus. Vorrangig wurden Verfahren für die Isotopentrennung bearbeitet, und natürlich rechnete man viel. Im Februar wurde das vorhergesagte und noch sehr geheimnisvolle Plutonium entdeckt. Dann erhielt Vannevar Bush, der inzwischen dem mächtigen Büro für militärische Forschung und Entwicklung vorstand, im Sommer den Bericht des MAUD-Komitees aus England. In ihm wurden schon technische Details einer Atombombe beschrieben, und auch Kostenschätzungen waren enthalten. Bush erkannte, dass die Engländer die Nase vorn hatten im Vergleich zum eigenen Entwicklungsstand. Der Bericht wurde den Physikern in den USA zunächst nicht bekannt gemacht. Gemäß dem Vorgehen, dass alles unter den Augen des Regierungschefs geschehen musste, wie in England auch, wurden die neuen Erkenntnisse erst Präsident Roosevelt vorgelegt. Ab jetzt ging es mit den Entscheidungen schneller voran. Im Oktober kamen die führenden Physiker zusammen, um sich über den MAUD-Bericht und ihre eigenen Erkenntnisse auszutauschen. Unter ihnen befand sich auch J. Robert Oppenheimer. Man kam zu dem Ergebnis, dass eine Atombombe entwickelt werden konnte. Am 6. Dezember, ein Tag vor dem japanischen Überfall auf Pearl Harbor, wies

Vannevar Bush ein beschleunigtes Forschungsprogramm an und verteilte Schwerpunktaufgaben und Verantwortlichkeiten. Am 11. Dezember traten die USA in den Krieg ein, und zu Beginn des neuen Jahres wurde die Anti-Hitler-Koalition zwischen den USA, England und der Sowjetunion geschlossen.

In der alten Universitätsstadt Tübingen hatte es einst der Urgroßvater von Carl Friedrich von Weizsäcker zu vielen Ehren gebracht. Der Theologe Carl Heinrich Weizsäcker – das »von« kam erst eine Generation später, im Jahr 1913, hinzu – war an der Universität und im württembergischen Land eine angesehene Persönlichkeit, die noch in die Nachwelt auszustrahlen vermochte. Der Vater von Fuchs schätzte seine Bücher. Nur wenige Kilometer Richtung Westen hinter dem Rhein begann das Elsass, vor dem Ersten Weltkrieg deutsches Gebiet, danach französisches und seit der Niederlage Frankreichs wieder unter deutscher Verwaltung. Die Université de Strasbourg mit ihren Institutsteilen hatte man vorsorglich schon 1939 nach Clermont-Ferrand in Südfrankreich evakuiert. Die Gebäude standen leer, auf den Bänken und Pulten der Hörsäle lag eine Patina aus Staub. Im November 1941 wurde also die Reichsuniversität Straßburg eröffnet, die es nach dem Deutsch-Französischen Krieg schon einmal gegeben hatte. Die deutschen Wissenschaftler sahen diesen Gründungsakt wie auch die Übernahme von Lehrtätigkeiten und Forschung als Bewahrung einer alten Tradition. Die Gebäude füllten sich nun wieder mit Deutschen. Ausländer gab es kaum. Auch der Gedanke, »unabkömmlich« gestellt und nicht zum Krieg eingezogen zu werden – die berühmte »UK-Stellung« – dürfte bewirkt haben, dass Rufe an die neue alte Universität mit Wohlwollen aufgenommen wurden. In der Monatszeitschrift der Universität wurde Großes angekündigt. Für eine kriegswichtige Kernphysik, stand da geschrieben, müsse es die große Sorge sein, dass der Vorsprung Deutschlands beibehalten oder wiedergewonnen werde. Man suchte Physiker mit bester Qualifikation, aber auch linientreuem politischen Leumund. Weizsäcker empfahl sich als aussichtsreicher Kandidat. Es gab einiges Hin und Her bei dieser Personalie. Auch dass der Kandidat am politischen Geschehen völlig uninteressiert sei, wurde von einer mit dem Fall befassten Nazibehörde hervorgehoben. Der Vater soll besänftigend vermittelt haben. Ende September

1942 wurde Weizsäcker vom Reichserziehungsminister mitgeteilt, dass er ab Beginn des Wintersemesters den Lehrstuhl für theoretische Physik übernehmen solle und nach Straßburg umziehen müsse. Weizsäcker war gerade dreißig Jahre alt geworden. Die Verbindung zu Berlin blieb erhalten, der junge Professor konnte weiter an seinem Dahlemer Physikinstitut tätig sein.

Das Kriegsjahr 1942

Den englischen Wissenschaftlern stand deutlich vor Augen, dass der Weg zu einer Atombombe nur mit den gewaltigen und unangreifbaren Ressourcen der USA erfolgreich beschritten werden konnte. Es hatte schon 1941 gegenseitige Besuche zwischen englischen und amerikanischen Projektbeteiligten gegeben. Sie wurden 1942 fortgesetzt. Im Januar und März besuchten hochrangige Vertreter der britischen Gruppe die USA. Der Austausch von Ergebnissen funktionierte zwischen beiden Ländern. Und nicht nur das: Auch hoch angereichertes U 235, das für Experimente in Liverpool benötigt wurde, übergab man den Engländern. Der andere Verbündete, die Sowjetunion, sorgte für Zurückhaltung auf amerikanischer Seite. Deshalb stand die Kooperation mit den USA noch nicht auf sicherem Grund. Im Mai wurde die von Botschafter Cripps und Außenminister Molotow geschlossene Vereinbarung von vor einem Jahr zu einem völkerrechtlich verbindlichen Vertrag zwischen England und der UdSSR erhoben. Im Sinne gegenseitiger Unterstützung enthielt das Dokument nun ausdrücklich den Austausch auf militärischem und wissenschaftlichem Gebiet. Churchills Staatssekretär plante bis September eine vertragsgerechte Umsetzung mit der Sowjetunion. Passiert ist aber nichts.

Auf dem Weg zur amerikanischen Bombe erhielt eine Zusammenkunft besondere Bedeutung, die J. Robert Oppenheimer im Spätsommer in Berkeley organisierte. Er stellte eine Gruppe hochkarätiger Physiker zusammen, unter ihnen Hans Bethe und Edward Teller, die den vorläufigen Aufbau einer Atombombe beschrieb. Und nicht nur das, auch die Fusionsbombe, die später einmal Wasserstoffbombe genannt werden sollte, rückte schon hier in den Blick. Die Befunde wurden in einem Bericht, einer Art »Fibel«, zusammengefasst und sollten fortan allen am Projekt beteiligten Wissenschaftlern als Basislektüre dienen. Nicht ganz nebenbei empfahl sich J. Robert Oppenheimer durch dieses ergiebige Treffen für höhere Aufgaben. Die vielversprechenden Ergebnisse mochten bestehende Bedenken verstärkt haben, seit in England über einen Wissensaustausch mit der Sowjetunion gesprochen wurde. Obgleich die Informationen sowieso überwiegend von England in Richtung USA flossen, empfahl Vannevar Bush seinem Präsidenten, den Austausch noch stärker einzuschränken. So geschah es, und in der Folge hielt nun auch England sein Wissen zurück, was zu erheblichen Störungen beim Bau der Gasdiffusionsanlage in Oak Ridge führte, mit der das U 235 gewonnen werden sollte.

Aus den Wüstenebenen von New Mexico in den USA erhebt sich rund 50 Meilen nordöstlich von der Hauptstadt Santa Fe eine bizarre Hügellandschaft. Pinienhaine, braune Erde und Grasland herrschen hier vor und bilden eine weite Oase in der Hochwüste, die sich bis zu den Sangre-de-Christo-Bergen erstreckt. Nicht weit entfernt fließt der Rio Grande, in seinem Tal wechseln Baumwollfelder mit ausgedehnten Wiesenflächen. Diese ganze Region gehörte zum Siedlungsraum der Pueblo-Völker, einst eine große Kultur der Indigenen. Die typischen rechteckigen Adobe-Häuser, die es noch gibt, zeugen von ihr. In ihren Schöpfungsmythen beschreiben die Pueblo eine Unterwelt, in der es brodelte und gärte, aber es steigt kein fertiger Mensch aus ihr empor. Die Menschwerdung findet erst auf der Erde statt. Wahrscheinlich wegen der Mängel, die bei dieser irdischen Geburt auftreten können, halten sie den lebenden Menschen, das Individuum, für unwissend. In diesem bergigen Land liegt der Ort Los Alamos.

Vor einigen Jahren hatte J. Robert Oppenheimer die Gegend für sich entdeckt und hier ein Landhaus errichten lassen. Als im Oktober der militärische Leiter des Atombombenprogramms, General Groves, Oppenheimer fragte, ob er bereit wäre, das geplante Forschungs- und Entwicklungslabor zu leiten, tauchte auch die Frage nach einem passenden Standort auf, der möglichst abgelegen sein musste. Oppenheimer, der zugestimmt hatte, schlug Los Alamos vor, und so geschah es. Der unscheinbare Ort wurde am 25. November zum Herzen des Manhattan-Projekts.

Der amerikanische Kriegsminister erhielt erst im Dezember 1942 Kenntnis von dem britisch-sowjetischen Vertrag, den Stafford Cripps unterschrieben hatte. Die USA lehnten die darin vereinbarten Informationspflichten kategorisch ab und bestimmten, dass sie keinen Informationsaustausch mit der Sowjetunion wünschten. Ende 1942 stand die Zusammenarbeit zwischen England und den USA unter keinem guten Stern. Möglicherweise war etwas zu den betroffenen Wissenschaftlern durchgesickert. Fuchs jedenfalls beantwortete das amerikanische Diktum auf seine Weise. Nach dem Überfall auf die Sowjetunion hatte sich ihm schmerzhaft die Einsicht aufgedrängt, dass er handeln müsse.

An einem von Hängen geschützten Wegstück in der Nähe der englischen Ortschaft Banbury gräbt ein Paar in Begleitung eines Kindes eine kleine Höhle in den Sand. Sie soll für die kindliche Fantasie den Eingang eines Bergwerks vorstellen. Eigentlich gräbt nur die Frau, der etwa 30-jährige Mann, groß und schlank, mit einer feinen runden Brille, die ihn schnell als Geistesarbeiter ausweist, steht nur daneben und schaut zu.

An diesem Ort fand das erste Treffen zwischen Klaus Fuchs und einer Agentin des sowjetischen Militärnachrichtendienstes GRU statt. Man hatte sich in freier Landschaft verabredet, weil man so vor einer möglichen Beschattung besser geschützt zu sein schien.

Vermittelt hatte dieses Treffen der Bruder der Frau, ein bekannter Genosse unter Londons kommunistischen Emigranten. Hitlers Überfall wurde auch in diesen Kreisen als eine tiefgreifende Zäsur begriffen. Die große Entfremdung gegenüber Stalins imperialistischer Politik und seinem Terror war nicht vergessen, aber zweitrangig geworden. Jetzt zählte nur die Unterstützung für das Heimatland des Kommunismus.

Das Treffen in Banbury bedeutete schon den zweiten Schritt. Die Frau hörte sich die Erläuterungen an, von denen Fuchs sprach und von denen sie kaum etwas verstand. Danach berichtete sie von ihrem Treffen nach Moskau und fragte an, ob man an einer Verbindung interessiert sei. Das »Ja« kam umgehend. Zwischen Banbury und Birmingham lagen etwa 60 Kilometer, keine große Entfernung. In den folgenden zwei Jahren sollten »wichtige« und »sehr wertvolle« Informationen – Bewertungstermini der Zentrale – nach Moskau gelangen. Diese Spionage, darum handelte es sich, hatte nicht so einen ungeheuer exklusiven Rang, wie es auf den ersten Blick erscheinen mochte. Churchills berühmte Worte von der umfassenden Unterstützung der angegriffenen und verbündeten Sowjetunion schlossen solches Tun nicht unbedingt aus – vielleicht de jure, aber nicht moralisch. In den kommunistischen Zirkeln von England bis in die USA hinein hatte sich das Verständnis von Hilfe derart erweitert, dass auch Spionage als sinnvolle Option ins Visier geriet.

Noch auf einer dritten Ebene war Fuchs im Geheimen tätig. Am 18. Juni erhielt er die britische Staatsbürgerschaft, die durchaus auch als Anerkennung verstanden werden konnte. Seit einem Jahr fuhren Fuchs und Peierls in einem besonderen Auftrag des Auslandsgeheimdienstes MI 6 nach London. Man hatte 1941 Erkenntnisse darüber erhalten, dass sich Deutschland intensiv um die Beschaffung von schwerem Wasser bemühte. Diesem konkreten Hinweis auf ein Uranprojekt sollte durch die Analyse der beschafften Unterlagen nachgegangen werden. Das MI 6 hatte unter den deutschen Emigranten nach Gutachtern gesucht und sich schließlich an Peierls und Fuchs gewandt, um deutsche wissenschaftliche Zeitschriften, aber auch Forschungsthemen, Forschungszentren und Reisen von Kernphysikern zu analysieren. Das zog sich über das ganze Jahr 1942 bis in das Frühjahr 1943 hinein. Einiges von dem, womit sich Weizsäcker in Deutschland beschäftigte, könnte Fuchs dabei registriert haben. Die Forscher auf britischer Seite schrieben mehrere Berichte über ihre Erkenntnisse. Aber nie mussten sie eine ernste Warnung über den Stand der Entwicklung in Deutschland verkünden.

Das Fehlen messbarer Erfolge im deutschen Uranprojekt war Realität. Wenige Tage nach der Kriegserklärung Deutschlands an die USA hatte der Chef der Forschungsabteilung des Heereswaffenamtes die leitenden Mitglieder des Uranvereins noch nach Berlin gerufen. Zur Debatte stand eine nüchterne Betrachtung der bisherigen Ergebnisse, und mehr als früher sollten mögliche weitere Bemühungen nun unter dem Zeitaspekt beurteilt werden. Bei dem unklaren Bewertungsspektrum taten sich dann besonders die Wissenschaftler des Heereswaffenamtes hervor, die eine Fortsetzung beschworen und sich für sehr viel größere materielle Anstrengungen einsetzten. Die Ergebnisse wurden zur weiteren Prüfung in einem Bericht zusammengefasst. Weizsäcker war jetzt Vater von drei Kindern, er arbeitete und lebte in Berlin-Dahlem. Das Jahr 1942 begann für ihn mit Sorgen und vielleicht auch Schrecken. Im Januar erhielt er die Nachricht, dass er zum Fronteinsatz eingezogen werden sollte, man sprach sogar von Russland. Eine gleichlautende Nachricht erging an ein anderes Mitglied des Uranvereins. Dieser doppelte Schlag, vielleicht ein Lapsus, gab aber Heisenberg ein entscheidendes Argument in die Hand. Er nutzte alle Beziehungen, die ihm zur Verfügung standen, um die Einberufung der beiden Physiker abzuwenden. Sein Hinweis, dass mit ihrem Abgang die Arbeit am Uranprojekt ernstlich gefährdet wäre, half. Die UK-Stellungen wurden verlängert. Aber die Kriegslage drängte zu Entscheidungen. Am 26. Februar 1942 sollte im »Haus der deutschen Forschung« eine große wissenschaftliche Konferenz zum Thema Kernphysik stattfinden. Zu den Geladenen gehörten Vertreter der Politik, der Wehrmacht und auch der SS, weshalb die Vorträge in allgemeinverständlicher Form gehalten werden sollten. Während der Eröffnungsvortrag mit dem Thema »Kernphysik als Waffe« direkt zur Sache kam, widmete sich Heisenberg in seinem Beitrag allgemeiner der »Energiegewinnung aus Uranspaltung«. Am Ende seines Vortrags erläuterte er, dass auch mit Uranmaschinen und der dadurch möglichen Gewinnung des Elements Plutonium ein Sprengstoff hergestellt werden könnte. Allerdings würde dieser Weg materiell wie organisatorisch einen riesigen Aufwand erfordern. Die Zuhörer, meist völlig unbedarft, was die aktuelle Physik anging, gaben sich beeindruckt. Durch den großen Teilnehmerkreis drangen die Anwendungsmöglichkeiten der Kernphysik nun auch zu den nationalsozialistischen Größen vor. Im März schrieb Joseph Goebbels in seinem Tagebuch auf, was er an phänomenalen Erzählungen gehört hatte von den gewaltigen Zerstörungswirkungen einer Kernwaffe. Helfen tat es dem Uranprojekt aber nicht. Es bedurfte noch mehrerer Treffen, bevor eine Entscheidung fiel. Dann gelangte man im Heereswaffenamt zu der Einsicht, dass die militärische Nutzung der Kernspaltung für den Krieg keine Bedeutung erlangen würde. Am 1. Juni wurde die Federführung für das Uranprojekt abgegeben und dem Reichsforschungsrat übertragen. Auch das Institut für Physik in Berlin-Dahlem wurde aus der Aufsicht des Heereswaffenamtes entlassen und wieder

der Kaiser-Wilhelm-Gesellschaft zugeführt. Heisenberg war der neue Direktor des Instituts. Das alles bedeutete nicht, dass das deutsche Uranprojekt zum Erliegen kam. Versuche wurden fortgesetzt, auch das Heereswaffenamt steuerte Aufträge bei, nur vollzogen sich diese Aktionen im Rahmen der begrenzten materiellen Ressourcen. Im Labor des Leipziger Physikalischen Instituts hatte Heisenbergs Mitarbeiter Robert Döpel im Frühjahr 1942 den vierten Reaktorversuch mit Uran in Kugelschalen unternommen. 150 Liter schweres Wasser standen zur Verfügung. Der große Unterschied zu vorher bestand jetzt in der Verwendung von metallischem Uranpulver statt Uranoxid. Der Uranbrenner wurde in der Mitte von einer Neutronenquelle versorgt. Wenn man feststellen konnte, dass mehr Neutronen aus dem Brenner austraten, als die Neutronenquelle hineintrug, musste eine Kettenreaktion stattgefunden haben. Die Physiker haben für dieses Verhältnis den Vermehrungsfaktor Z eingeführt. Für diesen Vermehrungsfaktor wurde im vierten Versuch der Wert 1,1 gemessen. Das heißt, es waren mehr Neutronen ausgetreten, wenn auch nur sehr wenige. Man schien also auf dem richtigen Weg zu sein. Allerdings zerstoben die Hoffnungen bald wieder, weil die Anlage samt dem wertvollen Uran durch eine heftige Explosion zerstört wurde, die eine im Brenner entstandene Wasserstoffblase verursacht hatte. Damit endeten die Leipziger Versuche. Aber es gab noch die Standorte in Berlin und Gottow.

Neutronenvermehrung ist, technisch betrachtet, ein Prozess zwischen Energieerzeugung und Erlöschen. Die Quelle in der Mitte des Reaktors verteilt ihre Neutronen. Uranatomkerne werden gespalten und neue Neutronen entstehen. Und so fort. Man kann an der Hülle des Reaktors den Vermehrungsfaktor bestimmen: Je größer er ist, desto besser. Aber noch bleibt die Neutronenquelle für den ganzen Prozess unverzichtbar. Fehlt sie, dann passiert gar nichts mehr, die Spaltprozesse erlöschen. Angestrebt wird eine extreme Neutronenvermehrung, bei der sich das Uran selbst aufbraucht und Wärme liefert – das heißt: die sich selbst erhaltende Kettenreaktion.

Auf dem Gelände des Kaiser-Wilhelm-Instituts für Biologie in Berlin-Dahlem stand ein seltsamer kleiner Turm. Ganz dem wissenschaftlichen Fach des »Hausherrn« entsprechend hatte man ihm den schlüssigen

Namen »Virushaus« angeheftet. Das sollte Neugierige von weiteren Recherchen abhalten. Hier hatten ab Dezember 1940 die Berliner Versuche mit einer Uranmaschine stattgefunden. Von Werner Heisenberg und Karl Wirtz war dafür die Kugelform für die wechselnden Schichten von metallischem Uranpulver und Moderator ausgewählt worden. 1942 wurde der fünfte und vorerst letzte Berliner Versuch durchgeführt. Dieser, wie auch alle vor ihm, ergab keine Neutronenvermehrung. Der Vermehrungsfaktor Z blieb sogar unter dem Wert 1. Heisenberg wusste, dass mit so einer kleinen Anlage nicht viel erreicht werden konnte. Letztlich war er als neuer Direktor des Kaiser-Wilhelm-Instituts für Physik für die Berliner Versuche zuständig. Ihre Auswertung hatte einige neue Erkenntnisse geliefert, die er zusammen mit Carl Friedrich von Weizsäcker, Karl Wirtz und zwei weiteren Physikern 1942 in einem Forschungsbericht festhielt.

Anfang Juni fand noch einmal eine bilanzierende Tagung statt, zu der der Präsident der Kaiser-Wilhelm-Gesellschaft eingeladen hatte. An ihr nahmen Rüstungsminister Speer und hochrangige Militärs teil. Heisenberg erläuterte noch einmal die großen Schwierigkeiten, die man in der aktuellen Lage hatte, um die Entwicklung einer Kernwaffe voranzutreiben. Dagegen wurde ein Uranbrenner zur Energieerzeugung von ihm als reales Ziel beschrieben. Im Grunde ging das Ergebnis der Tagung mit der Entscheidung des Heereswaffenamtes konform – man sollte das Uranprojekt im kleinen Stil weiterverfolgen, das hieß konkret, weitere Versuche mit einem Uranbrenner.

Kurt Diebner vom Heereswaffenamt wurde indes ein alternativer Weg zugestanden. Er sollte unabhängig von Heisenberg arbeiten. Diebner konnte sich auf eine Gruppe junger, hoch motivierter Physiker stützen, die er seit Kriegsbeginn in der Heeresversuchsanstalt Gottow um sich versammelt hatte. In dieser ruhigen ländlichen Gegend, die Gottower Versuchsanstalt lag in der Nähe von Luckenwalde, südlich Berlins, hatte die Gruppe schon 1941 eine ganz eigene Vorstellung vom Design eines Uranbrenners mit guten Ergebnissen durchgesetzt. Diebner besaß einen guten Ruf als Experimentalphysiker, brauchte aber einen Theoretiker. In die Suche nach einer optimalen Anordnung von Uran und Moderator mussten viele Berechnungen einfließen, die durch reines

Probieren oder Intuition nicht zu ersetzen waren. Heisenberg, der dem Gottower Erfolg auf den Grund gehen wollte, betraute den Assistenten Weizsäckers in Straßburg, Karl-Heinz Höcker, mit der Aufgabe, eine Analyse vorzunehmen. Dieser Schritt erwies sich als folgenreich, denn Höcker blieb nicht bei der theoretischen Auswertung stehen, sondern fasste allgemeiner die Geometrie eines Uranbrenners ins Auge. Als Quintessenz favorisierte er ein Gitter aus Uranwürfeln, das in die Moderatorsubstanz eingebettet ist. Mit seinen theoretischen Überlegungen gab Höcker damit der Gottower Gruppe eine Grundlage für ihren neuen Versuch. Sie konstruierte jetzt einen Uranbrenner, der sich von allen vorherigen Anlagen wesentlich unterschied. Man wählte eine Gitteranordnung mit rund 100 kleinen Würfeln aus metallischem Uranpulver, dazwischen als Moderator schweres Wasser. Alles zusammen sollte um die zwei Meter groß sein. Der Aufbau des Brenners, der dieses Mal im Kälteraum der Chemisch-Technischen Reichsanstalt in Berlin stattfinden musste, dauert Monate. Hauptsächlich die Herstellung der Uranwürfel bereitete Schwierigkeiten. Der Versuch, der im Frühjahr 1943 durchgeführt wurde, brachte noch keinen Durchbruch, aber die Richtung stimmte. Man registrierte einen Vermehrungsfaktor Z von 1,65 – ein Wert, der den letzten Leipziger Versuch weit übertraf.

Das Kriegsjahr 1943

Während die Gruppen um Diebner und Höcker noch an ihrer Reaktoranordnung arbeiteten, ereignete sich in den USA eine Weltpremiere. Enrico Fermi, ein alter Kollege Werner Heisenbergs, und seine Mitarbeiter hatten in Chicago auf dem Gelände der Universität einen Reaktor aufgebaut, mit dem eine stabile Kettenreaktion erreicht werden sollte. Er besaß riesige Dimensionen, maß sieben Meter in der Höhe und enthielt knapp 37 Tonnen Uranoxid, knapp sechs Tonnen Uranmetall, und als Moderator standen 350 Tonnen Graphit bereit. Am frühen Nachmittag des 2. Dezember 1942 wurde der Versuch unter den Augen geladener Gäste gestartet. In der Anlage begann eine stabile Kettenreaktion, die rund 20 Minuten andauerte und Wärme abgab. Dann wurde sie abgeschaltet. Der bloße Größenvergleich zur fortschrittlichsten Anlage in Deutschland hätte als eine eindringliche Metapher dafür herhalten können, welche Ressourcen der jeweiligen Seite zur Verfügung standen. Der funktionierende Reaktor in Chicago hätte Heisenbergs Voraussage erhärten können, dass eine Maschine mit Natururan Energie erzeugen konnte. Fermis erfolgreicher Versuch ebnete den Weg zur Plutonium-Atombombe. Er war noch weit, aber an die Stelle von theoretischen Voraussagen konnten nun bald experimentelle Befunde treten. In diesem Jahr 1943 begann eine stille Erosion jener hehren Motive, die Physiker in England und den USA zur Mitarbeit am Bau der Atombombe bewogen hatten. Eine solche Waffe in Hitlers Händen wurde immer weniger wahrscheinlich. Dieser Befund ging zuerst bei den Geheimdiensten um. Der Top-Agent Paul Rosbaud lieferte die wichtigsten Informationen an den englischen Geheimdienst MI 6. Der aus Österreich stammende gelernte Chemiker arbeitete beim Springer-Verlag als Chefredakteur der renommierten Zeitschrift »Die Naturwissenschaften« und war daher gut vernetzt in der deutschen wissenschaftlichen Community. Über norwegische Kuriere schickte er die aktuellen Recherchen nach England. Auf ihrer Grundlage kamen der MI 6 und, mit ihm, der Direktor des englischen Atomprogramms zu der Einsicht, dass das Uranprojekt in Deutschland nur wenig oder vielleicht gar nicht vorankam. Auch Peierls und Fuchs hatten bei ihren Recherchen nichts Auffälliges entdecken können. Der amerikanische Geheimdienst wählte einen anderen Weg und setzte einen jungen Mann, sein Name Moe Berg, auf Werner Heisenberg an, mit dem Auftrag, ihn zu erschießen, wenn er belastbare Hinweise auf eine deutsche Atombombe erkennen konnte. Im November 1942 fuhr der immer noch begehrte Physiker zu einer Vortragsreise in die Schweiz und traf dort auf Moe Berg, der ihm wegen seiner interessierten und klugen Fragen auffiel. Heisenberg wurde nicht erschossen. In Amerika empfing man dieses und auch andere Signale, allerdings leitete man die Folgerungen nur zögerlich weiter.

Ende Januar 1943 endet das Drama von Stalingrad. Hitlers 6. Armee existierte nicht mehr, ein Teil von ihr geriet in Gefangenschaft. Die Rote Armee hatte einen Sieg errungen, der eine Wende im Krieg einleitete. Die USA und England waren die Alliierten der Sowjetunion, durch Verträge verbunden. In Moskau, wo man Bescheid wusste über ihre Anstrengungen zum Bau der Atombombe, wartete man. Man wartete auf die Eröffnung der Zweiten Front, die aber für 1943 nicht zugesagt werden konnte. Man wartete aber auch auf Hinweise zum Entwicklungsstand der Atombombe. Auch die gab es nicht.

Die Akademie der Wissenschaften in der Sowjetunion glich einem Olymp. In den Augen der Jüngeren hatte hier eine Phalanx betagter Wissenschaftler mit Weltruf und Privilegien das Sagen. Ihre Urteilsfindung geschah vorsichtig, altersgerecht, und am Ergebnis konnte nie gerüttelt werden, wenn nicht eine Autorität wie Stalin intervenierte. Der 28-jährige Physiker Georgi Fljorow hatte im Laufe des Jahres 1942 diese »Altherrenriege« der Akademie gründlich aufgemischt. Er hatte Briefe über die Machbarkeit einer Atombombe geschrieben und vor allen Dingen darüber, dass alles für die Entwicklung einer solchen Waffe eingeleitet werden müsse. Er hatte die militärstrategische Überlegenheit ins Feld geführt, die mit dem Besitz dieser Superwaffe einherginge. Nie hatte er eine Antwort erhalten. Im April 1942 war seine Geduld am Ende, er hatte an Stalin direkt geschrieben. Natürlich lag es auch jetzt noch im Bereich des Unvorstellbaren, auf eine Antwort zu hoffen. Aber es war etwas in Bewegung gekommen. Man hatte aufmerksamer die Informationen und Dokumente gelesen, die den Geheimdiensten vorgelegen hatten. Dadurch konnte man sich über die Anstrengungen der Alliierten einigermaßen ein Bild machen. Im August kam das Verteidigungskomitee mit führenden Wissenschaftlern zusammen, zu denen auch Abram Joffe und Pjotr Kapitza gehörten. Stalin soll ungehalten darüber gewesen sein, dass ein junger Leutnant, und nicht die Akademiker, den Ernst der Lage erkannt hätte. Man war auf der Suche nach einem geeigneten Leiter für das Bombenprojekt. Nach einigem Hin und Her war im Oktober Igor Kurtschatow von Stalin für diese Aufgabe bestimmt worden. Georgi Fljorow hatte viele gute Argumente in seinen Briefen dargelegt, die dazu beitrugen, die Arbeiten in Gang zu setzen. Aber bei einer Einschätzung hatten er und die anderen Kernphysiker sich gründlich geirrt. Sie hatten argumentiert, dass Deutschland aufgrund seiner entwickelten Industrie, seiner Bestände an Uran und schwerem Wasser sowie seiner exzellenten Physiker die besten Chancen für den Bau einer Atombombe hätte, noch vor den USA und England. Dieser Befund lag weit von der

Realität entfernt. Ein Kalkül dürfte bei dieser Behauptung allerdings auch eine Rolle gespielt haben, nämlich, dass eine solche Zuweisung an das feindliche Deutschland die mögliche Gefährdungslage sehr viel überzeugender darstellen konnte. Zum beginnenden Winter 1942 hatte das Land den Atem angehalten und auf Stalingrad geschaut. Es vergingen dann wieder drei Monate. Endlich wurde im Februar 1943 in Moskau das »Laboratorium Nr. 2« gegründet. Zu den wenigen Wissenschaftlern, die Kurtschatow zunächst um sich scharte, gehörten Juli Chariton und Georgi Fljorow. Die Prioritäten des Landes und die Verteilung der Ressourcen galten dem Krieg gegen Hitler. Die Ausstattung, mit der Kurtschatow und sein Team beginnen mussten, entsprach diesen Gegebenheiten. Man formulierte zunächst zwei Aufgaben, die in England, den USA und Deutschland schon länger auf dem Plan standen: die Entwicklung eines funktionierenden Reaktors und die Isotopentrennung zur Gewinnung von U 235. Die Naturgesetze sind überall die gleichen. Mit der einen wird der Weg zur Energiegewinnung oder einer Plutoniumbombe beschritten, mit der anderen der Weg zur Uranbombe.

In Birmingham hatte man die Forschungen zu den Isotopentrennverfahren unbeirrt von den amerikanischen Vorbehalten fortgesetzt. Fuchs untersuchte das Verhalten von Gasdiffusionsanlagen. In Tausenden von Stufen, die hintereinandergeschaltet werden, sollte die Konzentration des spaltbaren U 235 im Natururan allmählich erhöht werden. So ein System ist sehr kompliziert und störanfällig. Durch seine Berechnungen gelang ein Verständnis der Abläufe und damit auch der möglichen Störungen. Im Grunde hatte er hier mit mathematischen Überlegungen ein kybernetisches System durchdrungen, als es das Fach Kybernetik noch gar nicht gab.

In den USA wusste man von den Fortschritten in England, deren Ergebnisse man dringend benötigte. Man wollte im Mai 1943 mit dem Bau der Urananreicherungsanlage in Oak Ridge beginnen, allerdings reichten die eigenen Erkenntnisse dafür nicht aus. Zu einem freien Informationsaustausch, wie England ihn vorschlug, konnte man sich noch nicht durchringen. Lediglich bei der Gasdiffusion und zwei weiteren Schwerpunkten wurde die Zusammenarbeit genehmigt. Die Bombenentwicklung in Los Alamos fiel nicht darunter. Ende Februar wandte sich Churchill persönlich mit dem Vorschlag an Präsident Roosevelts Berater, dass der Austausch kernphysikalischer Informationen im Rahmen einer vollständigen Zusammenarbeit erneuert werden sollte. Er schlug dazu eine Vereinbarung vor, die die Sicherheitsinteressen beider Länder berücksichtigen würde. Roosevelt zögerte, er wollte das streng geheime Forschungsprogramm, das im Manhattan-Projekt anlief und über dessen Kriegswichtigkeit es keinen Zweifel mehr gab, in keiner Richtung gefährden. Er zögerte noch immer, als Churchill seinen Vorschlag im Juni erneuerte. Immerhin hatte sich inzwischen herausgestellt, dass der reduzierte Austausch erhebliche Hemmnisse hervorrief. Es vergingen nochmals einige Wochen, bis Präsident Roosevelt seinen Mitarbeiter Vannevar Bush endlich anwies, den vollständigen Informationsaustausch mit England zu ermöglichen. Besiegelt wurde das Ganze im Abkommen von Quebec, das am 20. August von Roosevelt und Churchill unterzeichnet wurde.

3.3 Mit dem Gewissen leben

Kriegsjahr 1943 f.

In den ersten Monaten des Jahres 1943 verwandelte sich das von der Regierung gekaufte Gelände in Los Alamos in eine riesige Baustelle. Die alten Internatsgebäude einer Schule standen noch und wurden als provisorische Unterkünfte genutzt. Laborräume wurden gebaut, diese zuerst, aber auch die Wohnhäuser für das schnell anwachsende Personal samt Familien. Man scheute keine Kosten, zweistöckige Wohnhäuser entstanden für Familien mit Kindern, einstöckige für solche ohne Kinder, und dann wurden noch Gebäude für Singles benötigt. Das alles geschah in einem atemberaubenden Tempo. Im April befanden sich etwa 30 Wissenschaftler vor Ort und begannen mit ihrer Arbeit. Hans Bethe wurde zum Leiter der Theoretischen Abteilung bestimmt, Victor Weisskopf zu seinem Stellvertreter. Los Alamos galt als das Herz des Manhattan-Projekts. Es gab noch Industriestandorte außerhalb, die für das

»Material« zuständig waren oder werden sollten. Oak Ridge in Tennessee wurde es für das Uran, Hanford mit dem zu bauenden Kernreaktor für das Plutonium. Im Chicago Met Lab wurde die chemische Trennung und Reinigung des erbrüteten Plutoniums in Angriff genommen. Bei Plutonium lagen die Dinge nicht so klar wie bei Uran. Zwar konnte man auf theoretische Voraussagen zurückgreifen, aber manche seiner Eigenschaften lagen noch ziemlich im Dunkeln, weil die für Experimente erforderlichen Mengen einfach noch fehlten.

Ein kleiner Schritt erfolgte im Juli mit dem ersten kernphysikalischen Experiment in Los Alamos. Anhand von Spuren des Isotops maß man die sekundären Neutronen, die bei der Spaltung von Plutonium entstanden. Nun wusste man etwas mehr über seine Eignung für eine Atombombe. Und das sah vielversprechend aus.

Seit der Unterzeichnung des Quebec-Abkommens, das den Weg für die Zusammenarbeit zwischen den USA und England freigemacht hatte, waren knapp drei Monate vergangen. Die Aufgaben und Probleme, die in Los Alamos der Lösung harrten, wuchsen nahezu täglich. Eine Unterstützung von englischer Seite wurde immer dringlicher. Im November kam die Birmingham-Gruppe mit Rudolf Peierls in Los Alamos an. Klaus Fuchs gehörte noch nicht dazu, er wurde zunächst in New York an der Columbia University beschäftigt. Im Mittelpunkt stand wieder die Isotopentrennung durch die Gasdiffusion, deren Theorie er bestens kannte, einschließlich ihrer Probleme; eins davon, und zwar ein ganz wichtiges, hatten die Amerikaner bei ihren Entwürfen übersehen. Fuchs half, es zu lösen.

Ende des Jahres lief die chemische Trennung des ersten Plutoniums an, das aus einem Reaktor stammte. Endlich konnten die Physiker in Los Alamos mit einigen Gramm des Elements 94 für ihre Untersuchungen rechnen.

Der Wechsel nach Amerika wäre für Klaus Fuchs noch einmal ein Anlass gewesen, alles zu überdenken und seine Spionagetätigkeit für Moskau infrage zu stellen. Noch in England hatte er Instruktionen erhalten, wie er in New York einen neuen Kontakt aufbauen sollte. Einschlägige Bücher mögen Ratschläge enthalten, wie Übergaben geheimer Papiere stattzufinden haben. Bestärkung oder gar Ermutigung sind bei solchen Treffen kaum vorgesehen. Für einen professionellen Spion mag das unnötig sein, der war aber Fuchs nicht. Vielleicht tauchte in dieser neuen Situation noch einmal der Gedanke in seinem Kopf auf, ob dieser Verrat vor seinem Gewissen wirklich bestehen konnte, denn um Verrat handelte es sich. Er musste auch an die Gefahren für seine Schwester Christel denken, die in den USA eine Familie gegründet hatte. Solche Gewissensfragen könnten im Raum gestanden haben. Diese Fragen wurden auch nicht einfacher, wenn er an seine Kollegen dachte, an Rudolf Peierls zum Beispiel, mit dem er sich freundschaftlich verbunden fühlte. Er konnte also die Kluft nicht ignorieren, die sich für ihn zwischen seiner Empathie für den Überlebenskampf der Sowjetunion und dessen mangelnder Unterstützung durch Amerika auftat. Die versprochene zweite Front schien noch immer in weiter Ferne zu liegen. An einem Samstag Ende Februar 1944 sollte sich Fuchs an einen verabredeten Ort auf der East Side New Yorks begeben, mit einem Handball in der Hand. Seinen Kontaktmann sollte er durch ein Paar Handschuhe und ein Buch mit grünem Cover erkennen. So begann für Klaus Fuchs der Atomverrat auf amerikanischem Boden.

Das Kriegsjahr 1944

In Deutschland hatte sich durch die guten Ergebnisse der Gruppe Diebner die Diskussion um eine funktionierende Uranmaschine im Laufe des Jahres 1943 immer mehr polarisiert. Die Frage stand im Raum, ob die Anordnung des Urans in Schichten und Platten, die Heisenberg vorzog, erfolgversprechender wäre oder diejenige mit Würfeln in einer Gitterstruktur, mit der Diebner experimentiert hatte. Vom fachlichen Rang her trennten die beiden eigentlich Welten, und doch hatte sich das Blatt im Urteil der beteiligten Wissenschaftler des Uranvereins langsam zugunsten Diebners gewandt. Aber noch stand eine Entscheidung aus. Im Februar 1944 wurde das Kaiser-Wilhelm-Institut für Chemie durch einen Bombenangriff zerstört, darunter auch Otto Hahns Arbeitszimmer. Heisenbergs Institut befand sich bis auf die Reaktorgruppe samt seinen Mitarbeitern zu dieser Zeit schon in Hechingen, einem kleinen Ort auf der Schwäbischen Alb. Man konnte von hieraus die Hohenzollernburg sehen, den Stammsitz preußischer Könige und Kaiser. Auf der Suche nach einem geeigneten Quartier hatten mehrere Kriterien eine Rolle gespielt. Es musste möglichst weit westlich gelegen sein, sodass ein Zugriff durch die Rote Armee, die den Osten Deutschlands einmal besetzen könnte, unwahrscheinlich bliebe. Es sollte sich wegen möglicher Bombenangriffe fernab von Industriegebieten befinden und Wohnraum für die Familien der Mitarbeiter bieten. So hatte sich Hechingen angeboten. Man bezog Räume in den Textilbetrieben der Stadt, und in einer stillgelegten Brauerei sollte ein Labor eingerichtet werden. Heisenberg selbst wohnte zur Untermiete bei einer Hechinger Familie.

In Berlin hatte man noch vor einem Jahr ein neues Bunkerlabor gebaut. Hier war, einigermaßen geschützt vor Bomben, von der kleinen Reaktorgruppe um Karl Wirtz aus Heisenbergs Institut Anfang 1944 eine neue und letzte Versuchsreihe mit der Schichtenanordnung gestartet worden. Bei dem letzten von den drei Großversuchen wurde für den Vermehrungsfaktor Z der Wert 3 gemessen. Das war besser als der letzte Versuch in Leipzig, aber der lag fast zwei Jahre zurück. Man konnte daher kaum sagen, dass dieser Fortschritt einen großen Erfolg dargestellt hätte. Auch in Gottow bei Diebner hatte man mit einer neuen Versuchsreihe begonnen. Mehr Uran und schweres Wasser als Moderator wurden verwandt, auch einige Dinge im Aufbau wurden verändert. Das Ergebnis, das im Frühjahr vorgelegen hatte, überraschte wegen seines hohen Vermehrungsfaktors alle Beteiligten. Heisenberg blieb aber gegenüber der Gitteranordnung noch auf Abstand. Er nahm sich jetzt Höckers theoretische Arbeit vor und musste die darin enthaltenen Überlegungen und Berechnungen anerkennen. Dass er sie, vielleicht aus mangelndem Antrieb, nicht selbst vorgelegt hatte, wozu er seine Berechnungen von früher hätte überarbeiten müssen, nahm er für sich schweigend hin. Sein Interesse für die zwiespältige Kernphysik hatte in seinem tiefsten Inneren spürbar nachgelassen, und als Institutsdirektor hatte er noch andere Sorgen. Die Forschung musste in Hechingen organisiert und fortgeführt werden. Fünfzehn Kilometer entfernt in Haigerloch wurde ein ehemaliger Bierkeller für den Bau eines neuen Versuchsreaktors angemietet.

Von Straßburg nach Hechingen ist es nur ein Katzensprung. Weizsäcker hatte an seiner Universität gleich zu Beginn eine Vorlesungsreihe zur theoretischen Physik angeboten, die für vier Semester geplant war, daneben auch Spezialvorlesungen. Für das Wintersemester 1943/44 hatte ein vertrautes Gebiet, die Theorie des Atomkerns, auf dem Programm gestanden. Und natürlich gehörte er auch noch dem Uranverein an und pflegte Verbindungen zum Institut von Heisenberg. Es gab für ihn eigentlich keinen Grund mehr, in das ferne Berlin zu fahren, denn auch sein Vater hatte das Machtzentrum Hitlerdeutschlands verlassen. Seit Juni 1943 residierte Ernst von Weizsäcker als deutscher Botschafter im Vatikan. Dort war ihm die passive Reaktion des Papstes bei den Abtransporten von Roms Juden aufgefallen. Diese Beobachtung hatte er nach Berlin mitgeteilt.

Anfang 1944 besuchte Niels Bohr in Begleitung seines Sohnes Aage Los Alamos. Hinter der Physikerlegende und seiner Familie lag eine gefährliche Odyssee aus dem besetzten Dänemark. Dänische Widerstandskämpfer hatten ihn zunächst außer Landes geschafft, und erst in einem zweiten Schritt kam er über England nach Amerika. Natürlich fanden mit so einer renommierten Persönlichkeit Gespräche bei Regierungsbehörden und Geheimdiensten statt. Das, was er mitteilen konnte, waren seine Einsichten aus dem Treffen mit Heisenberg, das allerdings schon mehr als zwei Jahre zurücklag. Kurz vor seiner Flucht hatte ihn noch der deutsche Physiker Hans Jensen besucht und berichtet, dass die Deutschen sich auf die technische Energieerzeugung beschränkten. Eine Hiobsbotschaft ließ sich aus diesen Informationen nicht gewinnen, aber auch keine Entwarnung. Bohr wurde nach Los Alamos eingeladen, bezog aber erstmal ein Hotel in New York. Man hatte ihm aus Gründen der Sicherheit einen Decknamen gegeben, Nicolas Baker, wovon der Physiker wahrscheinlich keine Ahnung oder es wieder vergessen hatte. Wie dem auch sei, jedenfalls ging diese Vorkehrung gründlich schief, denn als General Groves den geheimnisvollen Mann zum Hotel begleitete und dort mit dem Namen Nicolas Baker anmeldete, stand auf einem Koffer gut sichtbar für alle der Name Niels Bohr.

In Los Alamos befand sich die Stimmung der Wissenschaftler in diesem Winter auf einem Tiefpunkt. Möglich, dass auch die ungewöhnliche Kälte an den Nerven zerrte, am meisten aber die Tatsache, dass die

Arbeiten nicht richtig vorangingen. Nicht der Weg zur Uranbombe machte Probleme, sondern die Entwicklung der Plutoniumbombe. Bedenken traten auf, ob die Sache mit diesem rätselhaften Isotop überhaupt funktionieren würde. Die grundlegende Herausforderung bestand bei beiden Wegen in der Frage, wie man eine unterkritische Masse in eine überkritische überführen musste, damit eine explosive Kettenreaktion ablaufen konnte. Beim Uran wurde ein Verfahren entwickelt, wo zwei unterkritische Massen aufeinander geschossen werden, sodass im Ergebnis eine überkritische entsteht. Beim Plutonium funktioniert diese Methode aber nicht. Man hatte das Implosionsverfahren als eine aussichtsreiche Variante im Visier. Die Idee bestand darin, eine hochpräzise sphärische Schale aus Sprengstoff um eine unterkritische Hohlkugel aus Plutonium zu legen, die bei der Zündung in einen überkritischen Kern komprimiert werden sollte. Das bedeutete absolutes Neuland, aber man nahm sich dieser schwierigen Aufgabe an, die den Wissenschaftlern viel Zuversicht abverlangte. In dieser Phase steckte das Team in Los Alamos, als ihm zwei Physiker angekündigt wurden, Baker hießen beide, der Ältere mit Vornamen Nicolas. Sie sollten großartige Wissenschaftler sein, aber niemand kannte die Namen. Als schließlich bekannt wurde, wer sich dahinter verbarg, brach riesige Freude aus. Einige der Physiker hier hatten bei Niels Bohr studiert oder zumindest für kurze Zeit in Kopenhagen das berühmte Institut besucht. Der Vater der modernen Quantenphysik hörte sich die Probleme an, die seine jüngeren Kollegen bewegten, und konnte Vorschläge machen. Er seinerseits sprach über etwas, das ihm besonders am Herzen lag und auch für das junge Team immer wichtiger wurde: die Zukunft. Im Fuller Lodge, dem örtlichen Begegnungszentrum, hielt er eine Rede, zu der viele erschienen. Was wird passieren, wenn die geheime Entwicklung der Atombombe erfolgreich ist und sie zum Einsatz kommt? Wie wird die alliierte Sowjetunion reagieren, wie werden die anderen Staaten diese offensichtliche Überlegenheit der USA aufnehmen? Und überhaupt: Sollte nicht der Gebrauch einer so gewaltigen Waffe gegen Menschen möglichst vermieden werden? Die Gespräche hinterließen schwierige moralische und politische Fragen in den mit fachlichen Problemen vollgepackten Köpfen. Bohr vollführte mit diesen Gedanken eine Gratwanderung, denn der Physiker durfte ja die Motivation der anderen nicht untergraben. Am 17. Januar verließ Bohr Los Alamos wieder. Er hatte Denkanstöße gegeben und zugleich das junge Team beflügelt.

Die Implosionsforschung kam in den ersten Monaten des Jahres 1944 kaum voran. Im Mai wurde Edward Teller, der bis dahin die theoretische Gruppe für dieses Problem geleitet hatte, ausgetauscht. Es hatte Streit mit dem Chef der theoretischen Abteilung, Hans Bethe, gegeben. Inzwischen konnte man mit dem reaktorproduzierten Plutonium, über das man jetzt verfügte, genauere Messungen durchführen, und die ergaben für einen Parameter einen alarmierenden Befund: Die spontane Kernspaltungsrate des Isotops ergab einen viel zu hohen Wert, als dass man mit ihm in einem leicht unterkritischen Massebereich einfach operieren könnte. Ein ausgefeiltes Implosionsverfahren musste entwickelt werden, das mit dieser hohen Spaltungsrate zurechtkam.

Im Juli verlieh Robert Oppenheimer, der Leiter des Manhattan-Projekts, diesem Forschungsthema die höchste Priorität und organisierte eine Bündelung der verfügbaren Ressourcen. So geriet auch Klaus Fuchs in sein Blickfeld, dessen Fähigkeiten man kannte und der in diesen Tagen in New York noch an der Gasdiffusionsmethode arbeitete. Die englische Gruppe wollte ihn eigentlich behalten, weil die Gasdiffusionsmethode für die Anstrengungen in der Heimat von Bedeutung war. Er selbst beurteilte das auch so. Aber die Dringlichkeit in Y – das Geheimkürzel für Los Alamos – setzte sich durch. Er musste New York Hals über Kopf verlassen, der Kontakt zum sowjetischen Geheimdienst riss ab. Nur mit Mühe und dank der Tatsache, dass seine jüngere Schwester Christel in New York wohnte, gelang es, diesen Kontakt wiederherzustellen. Einige Tage nach seiner Ankunft hörte er von der Geschichte mit Edward Teller. Der sei mit einer anderen Aufgabe betraut worden, die Oppenheimer mehr um des lieben Friedens willen ausgewählt hatte. Er sollte sich Gedanken über die Machbarkeit der »Super«, also der Wasserstoffbombe, machen. Das sei zwar nicht so dringend, hätte aber für Ruhe gesorgt. Bei den aktuellen und drängenden Aufgaben, die Teller eigentlich erledigen sollte, hätte man nun an ihn, Fuchs, gedacht. Er gehörte mit seinen bald 33 Jahren noch zur jüngeren Garde in Los Alamos, aber bei Weitem nicht mehr zu den Jüngsten unter den inzwischen 1.200 Mitarbeitern, deren Durchschnittsalter sich auf 25 Jahre eingependelt hatte. Sein Aufgabengebiet führte ins Zentrum der Forschungen zum Design der Plutonium-Atombombe. Fuchs arbeitete nach einem geregelten Tagesablauf, und der sah nach Frühstück und Mittag die Mühen am Institutsschreibtisch vor, wo schwierige mathematische Probleme warteten. Die Abende verliefen kaum anders, wenn nicht gerade eine der befreundeten Familien zu einer kleinen Feier oder einem Treffen eingeladen hatte. Ein freundlicher, offener Geist wehte durch das Team, das eigentlich unter einem gewaltigen Zeitdruck stand. Alles war großzügig organisiert, es gab keine Barrieren für die, die über die höchste Geheimhaltungsstufe verfügten.

Am 20. Juli hielt Deutschland den Atem an, als die Nachricht von einem misslungenen Attentat auf Hitler über das Radio verbreitet wurde. Verhaftungen und Hinrichtungen folgten. Unter denen, die in die Fänge der Justiz gerieten, befand sich auch Erwin Planck, der Sohn des greisen Max Planck. Auch Heisenberg befand sich nun in einer bedenklichen Lage, er hatte von der Verschwörung wohl gewusst und kannte einige Akteure. Es gab in Berlin die sogenannte Mittwochsgesellschaft, eine Art Club, wo sich führende Persönlichkeiten aus Politik, Militär und Wissenschaft zusammenfanden. Man traf sich, um über bewegende Themen zu reden. Meist wurde vom Gastgeber durch einen Vortrag ein Anstoß gegeben. Heisenberg, der oft dienstlich in Berlin zu tun hatte, nahm gern an diesen Treffen teil, wenn es sich einrichten ließ. Er hatte sich immer eindeutig geäußert, wenn das Ansinnen an ihn herangetragen wurde, sich in die Verschwörung einbinden zu lassen. Viele aus der Mittwochsgesellschaft hatten es getan. Für das Treffen vor dem Attentat, am 18. Juli, stand, so wollte es der Zufall, Heisenberg als Gastgeber auf dem Plan. Er hatte in das Harnack-Haus der Kaiser-Wilhelm-Gesellschaft in Dahlem eingeladen, und schon deshalb ließ sich eine Verbindung zu Mitverschwörern vermuten. Manch einer der Anwesenden könnte hier geahnt haben, dass es vielleicht ein nächstes Treffen nicht mehr geben würde. Nach dem gescheiterten Attentat wurden auch Mitglieder der Mittwochsgesellschaft hingerichtet. Um Heisenberg machte die Verfolgungsorgie der Nazis einen Bogen.

Die kleine Mannschaft aus Heisenbergs Institut, die beharrlich einen neuen Versuch mit einem Uranbrenner plante, diesmal mit der erfolgreichen Gitterstruktur, arbeitete im Bunkerlabor Dahlem unter der Leitung von Karl Wirtz das ganze Jahr 1944 über weiter. Sie kam zu keinem Abschluss. Auch die Gruppe aus Gottow, die inzwischen in Thüringen experimentierte, hatte noch mit einem neuen Versuchsaufbau geliebäugelt. Es gab zu wenig Material. Der Chef des Uranvereins, Walther Gerlach, entschied sich für nur einen Versuch, und der sollte in Haigerloch stattfinden.

Der 6. Juni 1944 wurde zu einem Tag für die Geschichtsbücher. Am berühmten »D-Day« gelang es amerikanischen und britischen Truppen, in der Normandie die lang ersehnte zweite Front zu eröffnen. Zwei Wochen später begann im Osten die Sommeroffensive der Roten Armee, in deren Verlauf die Heeresgruppe Mitte zerrieben und ganz Weißrussland befreit wurde.

Die unverdrossenen Versuche, eine funktionierende Uranmaschine zu bauen, verstanden die beteiligten Wissenschaftler auch als eine Art Optionsschein auf die eigene Zukunft – dieser Schein könnte einmal eingelöst werden, wenn man eines Tages vom vermeintlich hohen Entwicklungsstand deutscher Kernphysik politisch Gebrauch machen wollte. Auf alle Fälle boten sie Gewähr dafür, dass die UK-Stellungen gesichert blieben und man nicht zum Kriegsdienst eingezogen wurde. In diesem Sommer 1944 öffnete sich ein seltsamer Informationskanal zwischen den ansonsten streng abgeschotteten Kommunikationswelten. Das Wort von einer Atombombe der Westalliierten machte die Runde. Ein Adjutant von Göring besuchte Werner Heisenberg und fragte ihn, ob es denkbar wäre, dass die Amerikaner über eine solche Waffe verfügten. Man hätte über die deutsche Botschaft in Lissabon ein Ultimatum erhalten, das die Drohung enthielte, über Dresden innerhalb der kommenden sechs Wochen eine Atombombe zu zünden, wenn Deutschland nicht um Frieden ersuchte. Heisenberg war sich der weitreichenden Folgen seiner Antwort sehr bewusst. Die Sache gefiel ihm gar nicht. Er sagte dem Adjutanten, es sei zwar unwahrscheinlich, aber nicht völlig unmöglich, dass so eine Waffe existiert. Kurze Zeit später, im Augustheft der »Physikalischen Blätter«, erschien eine kurze Notiz, in der mitgeteilt wurde, dass in den Vereinigten Staaten wissenschaftliche Versuche mit einer neuen Uranbombe durchgeführt würden. Diese Notiz wurde von fast niemandem in Deutschland wahrgenommen. Selbst beteiligte Wissenschaftler und, später, Historiker hatten von ihr sogar 20 Jahre danach noch keine Kenntnis genommen. Doch die Notiz war kein Fake. Ihre Quelle war eine etablierte Nachrichtenagentur, der »Transocean-Dienst«, der selbst in den Kriegsjahren international agieren konnte. Allerdings, so erinnerte sich der damalige Chefredakteur später, sei die Notiz nie zum Abdruck freigegeben, sondern nur als streng vertrauliche Mitteilung in 500 Exemplaren verteilt worden. Ein irritierender Gedanke drängt sich auf: Was, wenn sich jemand bei der Angabe von sechs Wochen geirrt oder etwas falsch übermittelt hätte und eigentlich sechs Monate gemeint waren? Dann wäre man zeitlich genau bei jenem verheerenden Februar 1945, als Dresden zwar nicht durch eine Atombombe, die zu dieser Zeit noch nicht zur Verfügung stand, sondern mit konventionellen Bomben dem Erdboden gleichgemacht wurde. Befand sich Dresden so oder so im Visier der Westalliierten? Vielleicht, aber wohl nicht mit Blick auf die Atombombe.

Niels Bohr hatte seine Ideen in den Monaten seit der Abreise aus Los Alamos weiterverfolgt. Im Juli schickte er ein Memorandum an Präsident Roosevelt, in dem er die Aufmerksamkeit der hohen Politik auf die Rolle der Atomwaffen nach Kriegsende lenkte. Er wies auf die dringende Aufgabe hin, einen im Geheimen vorbereiteten nuklearen Wettbewerb zwischen den Nationen zu verhindern. Das könne nur gelingen, wenn im Rahmen einer international garantierten Sicherheit ein offener Informationsaustausch über die Atombombe einschließlich der militärischen Vorbereitungen erfolgen würde. Diese Ideen entfalteten recht unterschiedliche Wirkungen. Von den verbündeten Regierungen USA und England abgelehnt, fanden sie unter den Wissenschaftlern ein offenes Ohr. Auch zu Fuchs waren Bohrs Vorschläge gedrungen.

In der zweiten Jahreshälfte wurden die Anstrengungen der am Manhattan-Projekt beteiligten Wissenschaftler langsam mit den erwarteten Ergebnissen belohnt. In Hanford wurde Ende September ein Reaktor in

Betrieb genommen, der sechs Kilogramm Plutonium pro Monat produzieren konnte. Dahinter verbarg sich eine Kapazität, die im Grunde die Herstellung einer Atombombe pro Monat ermöglichen würde. Es gab aber Probleme mit dem angelaufenen Reaktor, sodass die Inbetriebnahme wieder abgebrochen werden musste. Im Oktober wurde Alamogordo als der Ort bestimmt, an dem die erste Plutonium-Atombombe getestet werden sollte. Man wollte bei diesem einen Test bleiben, weil sich die Physiker bei der Uran-Atombombe sicher waren, dass sie funktionieren würde. Die Implosionsforschung befand sich in dieser zweiten Jahreshälfte auch auf gutem Weg, sodass im Dezember ein Versuch durchgeführt werden konnte, der die Funktionalität des Implosionsverfahrens bewies. Zeitgleich begann in Hanford die industrielle Plutoniumproduktion, nachdem die Reaktorprobleme gefunden und beseitigt werden konnten. Schließlich startete man in Los Alamos zum Ende des Jahres die Montage der Plutoniumbombe.

Eines Tages im Herbst 1944 fanden Klaus Fuchs und viele andere Mitarbeiter von Los Alamos überall an den Türen und Tafeln eine Einladung vor, die vom Chef des Experimentallabors Robert Wilson gezeichnet war. Er kündigte darin einen Diskussionsabend über das Thema »The Impacts of the Gadget on Civilization« an. Wie bei solchen öffentlichen Bekundungen üblich, wurde auch hier das Wort »Bombe« vermieden. Oppenheimer stand solchen Diskussionen skeptisch gegenüber, kam aber dann doch in die Runde, zu der sich rund 20 Mitarbeiter eingefunden hatten. Die Frage stand im Raum, warum noch weiter geforscht und entwickelt wurde, wenn der Sieg über Hitler so gut wie feststand. Oppenheimer gelang es mit seiner faszinierenden Beredsamkeit und Klugheit fast immer, die Wogen zu glätten. Eines seiner Argumente lautete, dass eine so gewaltige Bombe wie die, die sie gerade bauen, jeden zukünftigen Krieg verhindern könne.

Es war im März des vorletzten Kriegsjahres gewesen, als der aus Polen stammende Physiker Joseph Rotblat im Haus von James Chadwick General Groves begegnete. Groves war ein gefragter Mann und immer viel unterwegs. Aber hin und wieder besuchte er Chadwick, den Leiter der britischen Abordnung in Los Alamos, und Rotblat wohnte bei ihm. Für Groves schien die Zeit reif zu sein, Klartext reden zu können. So erfuhr

Rotblat bei dieser Begegnung, dass der Hauptzweck des Manhattan-Projekts eigentlich gegen die Russen gerichtet sei, nicht gegen die Nazis, nicht gegen Hitler. Rotblat, der überhaupt nicht dem Kommunismus anhing, wohl aber an die extremen Opferzahlen der verbündeten Roten Armee denken musste, konnte nicht glauben, was er hörte. Er brauchte noch einige Monate, doch seine Entscheidung über den Ausstieg aus dem Projekt fiel im Herbst. Als Chadwick die neuesten Geheiminformationen erhalten hatte, die für das deutsche Atomprogramm Entwarnung signalisierten, verließ er im Dezember Los Alamos.

Das, was in Amerika nur mit großem Aufwand überwunden werden konnte, nämlich der Mangel an Plutonium, stand den sowjetischen Wissenschaftlern 1944 noch beim Uran bevor – vom Plutonium ganz zu schweigen. Man hatte zwar mit Uranverbindungen schon einige Versuche unternommen, aber das reichte nicht für die nächsten Schritte. Fest stand: Das Ziel hieß Plutoniumbombe. Man musste also einen funktionierenden Reaktor bauen, mit dem das Element gewonnen werden konnte. Und für so einen Reaktor verwendete man, diese Erkenntnis lag vor, am besten metallisches Uran. Sinaida Erschowa, eine ehemalige Schülerin der französischen Physikerin Irène Joliot-Curie, fand einen Weg, das benötigte Uran zu beschaffen, allerdings brauchte sie Zeit.

Erst im Dezember 1944 konnte sie etwa ein Kilogramm des begehrten Elements zur Verfügung stellen. Das reichte noch längst nicht für einen Reaktor, aber man konnte weiter experimentieren. Der Krieg gegen Hitlerdeutschland verlief nicht mehr so, dass von Verzögerungen in der Entwicklung neuer Waffen das Überleben des Landes abgehangen hätte. Und dann fiel noch etwas ins Gewicht: Man hatte ein Bild von den Forschungsanstrengungen am berühmten Kaiser-Wilhelm-Institut für Physik in Berlin erhalten. Dieses Institut glänzte als Hochburg physikalischer Forschung in Deutschland. Als man die noch zugängliche deutsche Fachliteratur auswertete, stieß man auf einen kleinen Band, der aus diesem Institut stammte. Er enthielt mehrere Beiträge über kosmische Strahlung, Heisenberg tauchte darin mit sechs Arbeiten auf, Weizsäcker immerhin mit zwei. Die Botschaft, die von dem Befund ausging, ließ sich gewiss nicht eindeutig lesen. Aber man konnte bei Weizsäcker und mehr noch bei Heisenberg ein wenig ausgeprägtes Interesse für die Themen der militärisch relevanten Kernphysik vermuten. Und mehr noch deutete der Befund darauf hin, dass am Institut kaum mit höchstem Einsatz das Uranprojekt verfolgt wurde.

Im Januar 1945 überquerte ein Stoßtrupp der Roten Armee die Oder.

Das Kriegsjahr 1945

Die Kriegsfront im Osten befand sich auf einem kleinen Abschnitt jetzt diesseits der Oder, 80 Kilometer von Berlin entfernt, seit es der Roten Armee gelungen war, rund um das kleine Dorf Kienitz einen Brückenkopf zu bilden.

Im Strafgefängnis Berlin-Plötzensee trat Erwin Planck seinen letzten Gang an. Zur selben Zeit fuhren von Berlin-Spandau aus Omnibusse mit jungen, teils kriegsuntauglichen Männern, die sich in einer Umschulung befunden hatten und kaum Fronterfahrung besaßen, 80 Kilometer bis zur Oder. Die Soldaten stiegen aus den Bussen und wurden sofort nach Kienitz geführt, mit dem Befehl, die Russen aus dem Dorf zu vertreiben. Sie starben sinnlos.

Am 23. Januar wurde Erwin Planck in Berlin-Plötzensee hingerichtet. Sein Vater hatte nach der Verhaftung alles versucht, um eine Schonung seines Sohnes zu erreichen, vergebens. Max Planck in Rogätz wusste nichts von diesem Termin, er wusste nur, dass sein Sohn sich in allerhöchster Gefahr befand. Auch er starb einen sinnlosen Tod.

Die Ardennenoffensive, mit der Hitler an der Westfront das Heft des Handelns noch einmal zurückgewinnen wollte, hatte Mitte Dezember begonnen. Die Abwehr der deutschen Verbände, die weit hinter den Frontverlauf eindringen konnten, und schließlich ihre Zerschlagung, gerieten zur verlustreichsten Schlacht der Amerikaner auf ihrem Feldzug von der Normandie an die Elbe. Gut einen Monat währte dieses blutige Spektakel. 350 Kilometer entfernt vom Ort der Kämpfe, im süddeutschen Hechingen, herrschte abgesehen von ein paar Fliegerangriffen noch relative Ruhe. Am 11. Januar war Werner Heisenberg bei den Weizsäckers zum Abendessen eingeladen. Danach spielte man in gelöster Stimmung eine Partie Schach. Vor drei Monaten schon hatte der junge Professor aus Straßburg seinen Dienstort aufgegeben und sich mit seiner Familie in Hechingen niedergelassen. Man konnte nicht sagen, dass die Abreise zu diesem frühen Zeitpunkt dringend gewesen wäre und eine Flucht dargestellt hätte, denn erst im November hatten amerikanische Truppen nach Straßburg vordringen können. Der Wechsel nach Hechingen war mehr der allgemeinen düsteren Lage geschuldet. Dennoch scheint die Abreise überstürzt gewesen zu sein. Das Büro des Physikers stand, weitgehend unaufgeräumt, offen, als die Amerikaner eintrafen. Es lagen Briefbögen mit Adressen und andere Notizen herum.

Für Werner Heisenberg ging es um das entscheidende und letzte Experiment, das er mit seiner Gruppe vorbereiten musste. Die beiden Schachspieler ahnten an diesem Abend nicht, dass im nahen Straßburg ein Spezialtrupp der ALSOS-Mission unter Leitung des amerikanischen Colonel Pash nach ihnen suchte. Dieses Kommando hatte Mitte November mit Hinweisen, die man in Paris erhielt, die Universität besetzt. Ein Physikprofessor, den man noch antraf, wurde gefangen genommen und verhört. Weitere Informationen fand man im Büro von Weizsäcker. Die Auswertung oblag Samuel A. Goudsmit, einem äußerst kundigen, aus Holland emigrierten jüdischen Physiker. Er und seine Mitarbeiter sichteten zwei Tage und Nächte vor Ort die Unterlagen, bei Kerzenschein und bei Granatfeuer von der anderen Seite des Flusses. Zurück in Paris wurden noch einmal Details ausgewertet. Dann konnte man sicher sein: Die ALSOS-Mission durfte abschließend feststellen, dass Deutschland nicht über eine Atombombe verfügte.

Es kam der Frühling des letzten Kriegsjahrs. Werner Heisenberg wurde in Hechingen inzwischen beim Volkssturm eingesetzt und musste nachts eine Brücke bewachen. Im Februar war in Haigerloch endlich das Material aus Berlin für den letzten Versuch eingetroffen: 1,5 Tonnen schweres Wasser, 1,5 Tonnen Uran 238 und anderes. Die Mitarbeiter hatten Vorbereitungen getroffen und für den Brenner ein rundes Erdloch im Felsenkeller ausgehoben. Man setzte auf die aussichtsreiche Gitterstruktur der Uranwürfel.

An einem freundlichen Märztag radelt Werner Heisenberg mit einem alten Fahrrad nach Haigerloch. Die Sonne hat schon etwas Kraft und wärmt. Jetzt spürt er, dass die schmale Kost und all die täglichen Belastungen an seiner Kraft gezehrt haben, es geht ungewohnt mühsam voran. Dennoch genießt er die Stille in der freien Natur. Ihn hat gerade ein Brief seiner Frau aus Urfeld erreicht, in dem steht, dass es ihr und den Kindern gut geht. Seine Frau erzählt darin auch von Leuten in den bayerischen Alpen, die noch fest daran glauben, dass alles noch gut ausgehen und der Krieg von Deutschland gewonnen würde. Vor Ort im Gewölbe des Felsenkellers wird zum Anfahren des Uranbrenners die Neutronenquelle eingesetzt. Die Teilchen begeben sich auf den Weg zu 680 Uranmetallwürfeln, zwischendurch werden sie abgebremst, dringen dann in die Würfel ein und treffen hier und da auf ein Atom U 235. Und das ist das Problem – dieses »Hier-und-da«. Es soll dauernde Wärme entstehen, die Neutronenquelle soll unnötig werden und die Kettenreaktion soll im Brenner ihren Lauf nehmen und stabil werden. Aber das passiert nicht. Man misst einen Vermehrungsfaktor Z von 6,7. Das ist viel, sogar sehr viel. Werner Heisenberg weiß wohl, dass die Menge an Uran doch nicht ausgereicht hat und nur wenig mehr genügt hätte. Aber für eine Wiederholung fehlt es an Nachschub und Zeit. Nach dem Krieg wird er zusammen mit Karl Wirtz einen Artikel veröffentlichen, in dem die Vermehrungsfaktoren aller Großversuche aufgelistet sind.[2] Und hier wird er auch zu Protokoll geben, dass eine »Vergrößerung des Volumens um nicht ganz die Hälfte«[3] den Haigerlocher Brenner hätte kritisch werden lassen.

Die Front rückte näher. In einer Nacht im April zogen durch Haigerloch Truppen der deutschen Artillerie in rückwärtige Gebiete. Weizsäcker und Heisenberg mussten beim Volkssturm das Schießen mit Panzerfäusten üben. Die Ergebnisse konnten kaum zufriedenstellen, lösten aber auch Heiterkeit aus. In diesen Tagen wurde das Physikalische Institut samt der Außenstelle Haigerloch aufgelöst. Man verständigte sich über den Verbleib des wertvollen Urans, des schweren Wassers und wichtiger Dokumente. Der Krieg würde gewiss nur noch Tage oder Wochen dauern, aber noch galten die Stellungsbefehle der Wehrmacht. Weizsäcker musste nach Reutlingen und Tübingen fahren und dort die

Sache mit den UK-Stellungen erledigen. Tage später verabschiedete man sich. Otto Hahn, Max von Laue, Karl Wirtz und Carl Friedrich von Weizsäcker blieben in Hechingen. Werner Heisenberg brach mit dem Rad nach Urfeld zu seiner Familie auf. Am 21. April, gegen Mittag, erreichte er die Seinen.

An diesem Tag gab es im Osten an der Oder seit 48 Stunden keine Front mehr. In der Schlacht um die Seelower Höhen hatte die 9. Armee der Wehrmacht unter General Busse die letzte Verteidigungslinie vor Berlin sichern sollen – vergeblich. Nochmals hatten in den vier Tagen der Schlacht Tausende Soldaten ihr Leben verloren. Die Offensive begann am 16. April mit einem Fiasko. Soldaten und Panzer der Roten Armee drangen an diesem Tag von Küstrin zu den waffengespickten Höhen von Seelow vor. Sie mussten dabei eine fast 20 Kilometer breite und wie ein See so glatte Ebene überwinden, die nirgendwo Deckung bot. Diese erste Angriffswelle, überhastet vorbereitet, wurde von den Deutschen buchstäblich niedergeschossen. Der Tagesbefehl, die Seelower Höhen zu erstürmen, blieb unerfüllt. Vier Tage dauerten die Schlacht und das Sterben auf beiden Seiten. Am 19. April war für die Rote Armee der Weg nach Berlin auf der Reichsstraße 1 frei. Fünf Tage später besetzte eine Einheit das verlassene Kaiser-Wilhelm-Institut für Physik in Berlin-Dahlem, das einstige Zentrum der deutschen Kernforschung. Alles, was man noch finden konnte, wurde beschlagnahmt und in die Sowjetunion überführt, auch das Kältelabor und die Bibliothek. Die Anwesenheit der Russen dauerte nur kurz, im Juli wurden sie von den Amerikanern abgelöst.

Wie ruhig und ungefährdet vom Krieg kann das Leben woanders sein? In Los Alamos waren die Befürchtungen unter den Wissenschaftlern vor einer Atombombe Hitlers kaum noch aufrechtzuerhalten. Aber man entwickelte mit höchster Kreativität weiter. George Kistiakowsky, ein Sprengstoffexperte, sah sich noch im Januar heftigen Einwänden gegen sein Verfahren ausgesetzt, mit einer Sprengstofflinse die idealsymmetrische Verdichtung der Plutoniumkugel zu erreichen. Anders als mit dieser Perfektion ging es nicht. Sein Chef hielt zu ihm, und tatsächlich konnte er am 11. April Robert Oppenheimer endlich sagen, dass das Verfahren funktionieren würde. Man hatte jetzt eigentlich alle Hürden genommen, die Vorbereitungen für den Test in Alamogordo konnten Fahrt aufnehmen. Aber einen Tag später starb Präsident Roosevelt. Harry S. Truman, der zu dieser Zeit noch nichts von der Atombombenentwicklung wusste, wurde neuer Präsident der USA.

Stille kehrt an diesem Tag in Los Alamos ein, die Arbeit ruht, und man verharrt in einem großen, hilflosen Schweigen. Für den folgenden Sonntag lud Robert Oppenheimer zu einer Gedenkfeier in den Theaterbau des Laborgeländes ein. Alle kamen. Unter denen, die sich am Theater einfanden, war auch Fuchs. Er sah sich um, las in den Minen der Älteren. Bei ihm und den übrigen Trauernden schwang etwas mit, das mehr bedeutete als Verehrung. Ein paar nächtliche Schneeflocken ließen draußen eine weiße Flur entstehen, an die sich die Stille der Landschaft schmiegte. Leise und sichtlich berührt hielt Oppenheimer eine kurze Rede. Sie endete mit der Hoffnung, dass die guten Taten ihres Schutzengels nicht beendet sein mögen.

Es gärte schon länger unter den Wissenschaftlern. Oppenheimers Anspielung gründete auf den Ideen von Niels Bohr und seinem Credo der Offenheit, dem Roosevelt nahegestanden hatte. Seit über einem Jahr tauchten immer wieder Bedenken über die Folgen des »Gadgets«, des Bombenapparats, auf, die dann mit der politischen Realität kollidierten.

Die Arbeiten schritten im Mai zügig voran. Die Uranbombe, der man den verrückten Namen »Little Boy« verpasst hatte, stand zusammengebaut bereit. Nur der Kern mit dem Uran 235 musste noch eingesetzt werden. Anfang Juli verließen ihre Komponenten Los Alamos in Richtung San Francisco. Von da wurden sie nach Tinian Island verschifft, einer Insel der Nördlichen Marianen, rund 1.500 Meilen vor Japans Küste. Der Test mit der Plutoniumbombe sollte am 16. Juli in der Frühe stattfinden. Ihr Bauplan, die Dokumente einer ungeheuren geistigen Anstrengung, an der auch Fuchs teilhatte, und eines noch nie dagewesenen materiellen Aufwands, lagen jetzt in allen Einzelheiten vor. Die Zeit schien reif, so viele Informationen wie möglich nach Moskau zu übermitteln. Aber Los Alamos war nicht Birmingham und nicht New York. Konspirative Treffen wollten gut überlegt und geplant sein. Schaute man sich die Topografie der Region an, kam für eine Übergabe von Dokumenten eigentlich nur das 50 Meilen entfernte Santa Fe infrage, das für seine anmutigen Adobe-Häuser bekannt war und mit seinen 30.000 Einwohnern ein ausreichend lebendiges Treiben verhieß, um unbemerkt zu bleiben. So geschah es auch. Anfang Juni fuhr Fuchs mit seinem Auto von Los Alamos nach Santa Fe und traf dort an der Castillo Street Bridge einen Kurier. Die Phase, die jetzt begann, sollte für Moskau denkbar folgenreiche Ergebnisse bereithalten. Von der Welt unbemerkt war dies der eigentliche Beginn des nuklearen Wettrüstens im Kalten Krieg – als nicht nur der Bauplan für die Plutoniumbombe, sondern später auch Konstruktionsdetails für die noch tödlichere Wasserstoffbombe, die sogenannte »Super«, die Seiten wechselten. Der isolierte Akt der Unterrichtung mag von den weitreichenden Ideen eines Niels Bohr inspiriert worden sein. Er konnte aber den Mangel an Kooperation zwischen den noch immer verbündeten Staaten, die Bohr eigentlich erreichen wollte, nicht ersetzen. Stattdessen sollte es auf ein »Gleichgewicht des Schreckens« hinauslaufen, und das war etwas ganz anderes. Für Vertrauen war es, wenn je eine Chance dazu bestanden haben sollte, längst zu spät.

In sicherer Entfernung von bewohnten Gebieten hatte man in der Wüste von New Mexico ein Versuchsgelände mit dem biblischen Namen Trinity errichtet, das nun der Ort der zweiten Schöpfung werden sollte. Kurz vor dem Termin waren die Komponenten des »Gadgets« hier angekommen und auf das hohe Stahlgerüst montiert worden. Zu den wenigen ausgewählten Wissenschaftlern, die den Test beobachten durften, gehörte auch Klaus Fuchs. Er war einer der Jüngsten in diesem Beobachterteam. Sicher durfte diese Einladung auch als Auszeichnung verstanden werden, für die sich sein Chef Hans Bethe eingesetzt oder die er sogar selbst ausgesprochen hatte. Bethe hatte alle Hände voll zu tun. Beim letzten großen Versuch mit dem Implosionssystem gab es Unstimmigkeiten, die Oppenheimer in helle Aufregung versetzt hatten. Es wurde fieberhaft geprüft und analysiert und schließlich fand Bethe die Ursache in falschen Berechnungen. Als am 16. Juli der erste Atomblitz der Menschheitsgeschichte das morgendliche Firmament der Wüste von New Mexico in gleißendes Licht tauchte, erhielten die Physiker eine zuverlässige Bestätigung dafür, dass ihr Bauplan für die Plutoniumbombe funktionierte.

Am 8. Mai hatte Deutschland kapituliert. In Europa begann eine Zeit ohne Bomben und ohne massenhaftes Töten. Bei der Zielplanung für den Einsatz der neuen Waffe konnte nur ein kleiner Kreis aus den Reihen der Wissenschaftler mitreden, das Sagen hatten andere. Aber alle verstanden gut, dass nur noch Japan für den Einsatz der Atombombe infrage kam. Wieder traten die Emigranten hervor, die mahnten und forderten, diesmal mit dem Anliegen, bedacht vorzugehen. Wie vor sechs Jahren suchte Leó Szilárd die Unterstützung Albert Einsteins, als er im Frühjahr ein Memorandum plante, das Präsident Roosevelt vorgelegt werden sollte. Jetzt bestand sein Anliegen darin, die Atombombe und ihren Einsatz zu verhindern. Einstein schrieb ein Vorwort zu dem Text, der eindringlich vor einem Wettrüsten warnte, wenn die Atombombe eingesetzt würde. Der Appell erreichte Roosevelt nicht mehr. Der neue Präsident Harry S. Truman schlug für den 25. Mai zwar einen Gesprächstermin vor, empfing Szilárd und zwei Kollegen aus Chicago dann aber nicht, sondern verwies sie an seinen Außenminister. Die Unterredung blieb ohne Ergebnis. Ein letzter Versuch fand Ende Mai statt. Szilárd hatte Oppenheimer um ein Gespräch gebeten, als dieser Kriegsminister Stimson in Washington besuchte. Man traf sich und redete. »Nur ein riesengroßer Knall sei die Atombombe«, musste der verblüffte Szilárd von dem reichlich gestressten Oppenheimer erfahren, als man sich gegenübersaß, »ohne militärische Bedeutung in einem Krieg.«

Leó Szilárd gehörte an der Universität Chicago zu dem geheimen metallurgischen Labor, das im Manhattan-Projekt eine Schlüsselstellung einnahm. Dort war von Enrico Fermi der erste Kernreaktor gebaut und gezündet worden, und dort hatte man später auch das erste Plutonium »erbrütet«. Zu seinen führenden Wissenschaftlern zählte der inzwischen 63-jährige James Franck, dessen Arbeitsgruppe auch Szilárd angehörte. Die Gruppe hatte die schwierige Aufgabe gelöst, ein Verfahren für die chemische Abtrennung des Plutoniums vom Uran zu entwickeln. Diese Aufgabe galt von Anfang an als eine große Herausforderung. Sie hatte von Franck und seinen Mitarbeitern alles abverlangt. Der geradlinige und feinsinnige Wissenschaftler war aus notwendiger Einsicht zum Manhattan-Projekt gekommen. Er hatte seinem zukünftigen Vorgesetzten Arthur Compton am Anfang auch klipp und klar zu verstehen gegeben, dass man nur so lange auf ihn setzen könne, wie Ungewissheit über eine deutsche Atombombe bestand. Diese Verabredung galt auch jetzt noch. Franck dürfte über die vergeblichen Bemühungen Szilárds im Bilde gewesen sein, als er und einige Wissenschaftler des metallurgischen Labors Anfang Juni über die Situation berieten. Die Zeit drängte, das wussten alle. Etwas musste zu Papier gebracht werden und das durfte kein Schnellschuss sein, sondern ein präzise durchdachter Report, dessen Argumente zwingend wirken. Der Leiter des Labors Compton hatte dafür sechs Arbeitsgruppen einberufen, die dem Text zuarbeiten sollten. Am 11. Juni war die Redaktion abgeschlossen und Franck brachte den Report persönlich nach Washington. Hier wollte er Compton treffen. Zusammen beabsichtigten sie, bei Kriegsminister Stimson vorzusprechen. Aber auch sie scheiterten am Vorzimmer, man hinterlegte den Report mit einem Anschreiben für Stimson. Mitte Juni verbreitete sich der Text unter den Wissenschaftlern des Manhattan-Projekts und ließ aufhorchen. Hier wurde gleich zu Anfang deutlich gemacht, dass eine Waffe wie die Atombombe niemals längere Zeit geheim bleiben könnte und den USA höchstens einige Jahre exklusiv zur Verfügung stehen würde. Ohne internationale Kontrolle würde mit Sicherheit ein Wettlauf der nuklearen Bewaffnung stattfinden. Von einem Einsatz der Atombombe gegen Japan wurde abgeraten, denn damit würden die USA die öffentliche Unterstützung auf der ganzen Welt verlieren und den Wettlauf der Waffen beschleunigen. Viel besser wäre es, wenn die Welt durch eine Demonstration der Bombe über einem unbewohnten Gebiet von ihr erfahren würde. Weitere Argumente folgten. Aber eins dürfte den Kriegsminister doch einigermaßen beunruhigt haben: die Forderung der Wissenschaftler, dass der Einsatz der Atombombe nicht unter dem Aspekt seiner militärischen Zweckmäßigkeit betrachtet werden dürfe, sondern als ein Problem der nationalen Politik. Der James-Franck-Report wurde sofort als Geheimsache deklariert, so blieb ihm der Weg in die Öffentlichkeit verwehrt.

Seit Juli wusste man also, dass die Plutoniumbombe funktionierte und eingesetzt werden konnte und die Uranbombe auch. Ein Zielkomitee hatte Ende April 17 japanische Städte ausgesucht, im Mai wurde die Liste auf vier verkürzt. Oppenheimer blieb weiter ambivalent, was den

Einsatz der Waffe anging, aber Mitte Juni erkannte der richtungsweisende Interimsausschuss, dem neben Oppenheimer auch Fermi angehörte, keine Alternative mehr zum Abwurf. Er lehnte den Franck-Report ab. Eine Woche nach dem erfolgreichen Trinity-Test genehmigten Truman und sein Kriegsminister Stimson mit einer Direktive der Regierung endgültig den Einsatz der Atombombe gegen den Kriegsgegner Japan. In der Reihenfolge ihrer Priorität wurden die Städte Hiroshima, Kokura, Niigata und Nagasaki als Ziele aufgeführt.

3.4 Wertschätzung der Koryphäen

In den Tagen höchster Anspannung rund um das Manhattan-Projekt waren die einstigen Spitzen der deutschen Uranforschung ahnungslos. Anfang Juli hatte man die Wissenschaftler mit einer Dakota nach Farm Hall in England gebracht, einem idyllischen, abgeschiedenen Landsitz unweit von Cambridge. Es war eine sehr gemischte Versammlung, die hier unter recht komfortablen Bedingungen unterkam, doch die Altersunterschiede waren beträchtlich. Zur kleinsten Gruppe der Senioren gehörten der 66-jährige Nobelpreisträger Max von Laue und der gleichaltrige Otto Hahn. Ersterer begriff immer noch nicht, und das mit einigem Recht, weshalb man ihn gefangen genommen hatte, denn Beiträge von ihm zur Uranforschung gab es nicht. Erst auf Farm Hall erfuhr er von den Arbeiten der anderen an einem Uranbrenner. Otto Hahn wusste schon mehr – aber auch, dass seine Entdeckung von 1938 keine Internierung rechtfertigte. Die Gruppe der jungen 30-Jährigen bildeten die früheren Schüler von Heisenberg, Erich Bagge, Horst Korsching und Carl Friedrich von Weizsäcker. Auch Heisenbergs federführender Mitarbeiter bei den Reaktorversuchen in Berlin und Haigerloch, Karl Wirtz, zählte zu ihnen. Komplettiert wurde die Runde durch die organisatorischen und wissenschaftlichen Leiter der Uranforschung an den verschiedenen Zentren in Deutschland: Kurt Diebner, Walther Gerlach, Paul Harteck und den Star: Nobelpreisträger Werner Heisenberg. Für alle diese Jüngeren hatte gegolten – ob angestrebt oder nicht, ob nur geduldet oder nicht –, dass sie die überlebenswichtige UK-Stellung erhalten hatten.

Hinter den Gefangenen lag eine zwei Monate währende Odyssee, als sie schließlich erschöpft auf dem Landsitz ankamen. Der alte zweistöckige Backsteinbau auf Farm Hall, der angrenzende Park und die ländliche Stille versprachen eine ruhigere Zeit. Es könnte fast wie in der Sommerfrische werden. Sogar eine kleine englische Bibliothek gab es. All diese Experten, die jetzt auf Farm Hall zusammenleben mussten, hätten eigentlich zufrieden sein dürfen, wenn sie nicht ihre ungewisse Zukunft und der fehlende Kontakt zu den zurückgelassenen Familien gepeinigt hätte.

Ihre Internierung war das Ergebnis der geheimen Operation EPSILON, so ihr Codename, die in den Tagen der allgemeinen Auflösung mit der ALSOS-Mission einhergegangen war. Es sollte unbedingt verhindert werden, dass die an der deutschen Uranforschung beteiligten Wissenschaftler einfach frei herumlaufen. Begehrlichkeiten, dieser Leute habhaft zu werden, wurden zuallererst den Russen unterstellt. Aber auch mit Blick auf die Franzosen wollte man Vorsicht walten lassen. Frédéric Joliot-Curie gehörte in Frankreich zu den Topautoritäten der Kernforschung, aber man wusste auch, dass er als Kommunist mit den Russen und besonders mit Abram Joffe in Verbindung stand. Das hatte genügt, um starke Sicherheitsbedenken zu begründen.

EPSILON war eine heikle Sache, denn immerhin operierten die Amerikaner in den von französischen Truppenteilen besetzten Gebieten. Dennoch lief alles nach Wunsch ab. Noch vor der Kapitulation am 8. Mai befanden sich alle gesuchten Spezialisten in amerikanischem Gewahrsam. Das Gros, mit Weizsäcker und Hahn, wurde schon Mitte April in Hechingen festgenommen. Der Wichtigste, Heisenberg, erst am 2. Mai bei seiner Familie in Urfeld. Diese Verzögerung hatte sich aus dem Ablauf der Ereignisse ergeben und nichts mit Fluchtgedanken von Heisenberg zu tun. Colonel Boris Pash begegnete dem berühmten Physiker sehr zuvorkommend. Zwar habe er den Befehl, ihn zu verhaften, würde aber für ihn und die Familie sorgen, so gut es ginge, ließ er Heisenberg während einer kurzen Unterredung wissen. Dann erfolgte der Abtransport nach Heidelberg. Unter den Gefangenen, die im Haus am Philosophenweg nacheinander ankamen, wurde vermutet, die Reise könnte nach San Francisco gehen. Aber was auch noch geschehen sollte: Das

Regime der Nazis gehörte der Vergangenheit an und Heisenberg durfte seinem Tagebuch anvertrauen, dass er sich seit Jahren nicht mehr so frei und lebendig gefühlt hätte wie in diesen Tagen. Wenig später wurde die Gruppe verlegt. Die Idee, sie komplett abzuschotten, womit man alle Kontakte kontrollieren wollte, hatte über Wochen die Wege und Orte ihrer Odyssee bestimmt. Es waren nur solche Kontaktpersonen erlaubt, die, wie Samuel Goudsmit, die Wissenschaftler verhören mussten.

Nach der Ankunft auf Farm Hall stellte sich Major Rittner als Betreuer der »Gäste« vor. Dieser freundliche Begriff gehörte ab jetzt zur Tarnbezeichnung für die internierten Wissenschaftler. Er informiert über die Gegebenheiten und die Möglichkeit, sich relativ frei auch außerhalb des Gebäudes bewegen zu können. Dafür allerdings verlangt er den Gästen das Ehrenwort ab, jegliche Fluchtversuche zu unterlassen. Der Alltag kehrte ein mit guter Kost und viel Zeit. Max von Laue begann, seine »Geschichte der Physik« zu schreiben. Weizsäcker befasste sich mit seinem Lieblingsthema, den Rätseln des Universums. Heisenberg setzte sich oft ans Klavier. In diesen Tagen gewannen die Gedanken an die Familienangehörigen in Deutschland wieder mehr Raum. Die Ungewissheiten belasteten, auch weil es in den ersten Wochen noch keinen funktionierenden Briefwechsel gab, der Sorgen hätte mindern können. Das wog schwer, denn die Ehefrauen hatten wohl die Verhaftungen miterlebt, waren aber seither im Unklaren über den Verbleib ihrer Männer gelassen worden. Major Rittner versuchte zu beruhigen, die ausweichenden Erklärungen, weshalb kein Briefwechsel stattfinden konnte, verärgerten allerdings eher. Auch die rätselhaften Motive ihrer Internierung beunruhigten die Gäste. Sie waren keine Soldaten und es gab keine Anklage gegen sie, zwei Gründe, die eine Gefangennahme hätten rechtfertigen können. Die Anwesenden ahnten mehr, als sie wussten: Auch die Engländer fühlten sich mit dieser unklaren Situation unwohl. Es war ein Dilemma, das ihnen die Amerikaner eingebrockt hatten. Weizsäcker vermutete, dass man sie für gefährlich hielt, weil sie als Fachleute der Uranforschung galten. Dass ihre Isolierung auch etwas mit den Russen zu tun haben könnte, lag allerdings auch auf der Hand. Heisenberg glaubte wie die Amerikaner, dass diese in der Uransache etwa zwei Jahre zurücklagen. Er wusste zwar aus den Zeiten in Göttingen und Kopenhagen von fähigen Leuten, die das Land hatte, Lew Landau zum Beispiel, Iwanenko und natürlich Joffe und Kapitza. Dennoch hielt er den Bedarf an zusätzlichen ausländischen Spezialisten für ausgemacht. Vielleicht drohte sogar eine Abschiebung, wenn die Amerikaner darauf bestehen sollten. Die ganze Situation schlug auf die Stimmung und auch auf die Gespräche, die man führte. Unter den Jüngeren bildeten sich Spannungen: hier Bagge und Korsching – da Weizsäcker und Wirtz, die zusammen ein Zimmer bewohnten. Von unmäßigem Ehrgeiz wurde geraunt, wenn Weizsäcker ins Visier geriet. Besser lief es bei den Senioren Max von Laue und Otto Hahn. Man ging bald zum vertraulichen »Du« über.

Zum Park auf Farm Hall gehörte ein ausgedehntes Rosenbeet, das als Ruhepol zu vertraulichen Gesprächen einlud, um das herum aber auch sportliche Laufrunden möglich waren. Walther Gerlach betätigte sich hier gern als Gärtner. Otto Hahn tauchte hin und wieder auf und zwang seinen Körper zu altersgerechten Dauerläufen. Auch er fand, dass die Zukunftsaussichten düster seien. Natürlich gingen in der Gruppe die Gedanken zurück in die Vergangenheit in Deutschland. Dann schwang die vermeintliche oder tatsächliche Nähe zu den Nationalsozialisten mit. Als Kurt Diebner, der heimliche Rivale aus Gottow und neben seinem Freund Bagge das einzige Parteimitglied der NSDAP, einmal die Vermutung äußerte, Farm Hall könnte mit Abhörmikrofonen bestückt sein, fuhr Heisenberg ihm mit der Begründung über den Mund, solche Gestapo-Methoden würden hier im freien England kaum stattfinden können.

Anfang August besserte sich die Lage der Gäste. Ihnen wurde mitgeteilt, dass sie nun Brief schreiben könnten und auf den Empfang solcher hoffen dürften. An der gemeinsamen Tafel, wo auch die beiden englischen Offiziere ihre täglichen Mahlzeiten einnahmen, hob sich die Stimmung zusehends. Am 6. August, kurz vor dem Abendessen, rief Major Rittner Otto Hahn zu sich. Er unterrichtete ihn darüber, dass über Japan eine Atombombe abgeworfen worden sei. Als Hahn die Nachricht den anderen im Speiseraum überbrachte, machte sich Aufregung und Verwirrung breit. Heisenberg weigerte sich strikt, die Sache zu glauben. Otto Hahn zeigte sich tief erschüttert, ihm wurde bewusst, dass dies den grässlichen Schlussakkord einer Reihe von Entdeckungen bildete, an deren Anfang er mit seiner Uranspaltung gestanden hatte. »Zweitklassigkeit«, schmetterte er Heisenberg sichtlich überspannt entgegen. Der blieb ruhig und vermutete eher eine Hochdruckbombe statt einer Uranbombe. Um 21.00 Uhr hörten alle am Radio die Nachrichten der BBC, und als hier die offizielle Verlautbarung verlesen wurde, gab es keine Zweifel mehr: Die Atombombe war Realität. Diese Gewissheit traf auf eine Versammlung von Koryphäen, vor denen die wissenschaftliche Welt der Alliierten einmal gezittert hatte vor Angst, sie könnten Hitler die Atombombe an die Hand geben. In einer Pause zogen sich Heisenberg und Weizsäcker in den Park zurück. Am Rosenbeet konnte man ungestört über das Geschehen reden und Luft holen. Natürlich stand für alle jetzt die Frage im Raum, wie die Amerikaner und Engländer das geschafft und was sie selbst eigentlich gemacht hatten. Der hoffärtige Glaube, der bis zum Morgen noch vorherrschen durfte, mit ihren Forschungsergebnissen über die Uranmaschine könne man sich als führende Spezialisten ausweisen, hatte sich als peinlich und falsch erwiesen. Man erfuhr von dem riesigen Aufwand, den die Amerikaner für den Bau der Atombombe betrieben hatten. Heisenberg und Weizsäcker tasteten sich in der Runde zu Erklärungen vor. Mit feinem Gespür für die Situation erklärte Weizsäcker, dass die deutschen Physiker gar nicht gewollt hatten, dass der Bau einer Bombe gelingt. Hahn stand auf, gab noch zu verstehen, dass er das nicht glaubte, aber froh sei, dass es den Deutschen nicht gelungen sei. Dann verließ er den Raum.

Aus Presseberichten am nächsten Tag wurden immer mehr Details bekannt. Große Sorge griff um sich, als die Gäste von den angeblichen Arbeiten an einer deutschen Atombombe lesen mussten. Major Rittner schlug als Reaktion ein Memorandum vor. In der zweiseitigen Darstellung, die man nun entwarf, wurden grob die Etappen der deutschen Uranforschung beschrieben. Es folgte dann die Feststellung, dass den Unterzeichnern keine Forschungen bekannt wären, die unmittelbar die Herstellung einer Atombombe zum Ziel gehabt hätten. Die Gruppe der Jungen verweigerte zunächst die Unterschrift. Schließlich ging das Memorandum von Farm Hall aus an die Öffentlichkeit. Man wird einmal schreiben müssen, resümierte Weizsäcker, dass mit den Forschungen zur Uranmaschine die friedliche Entwicklung der Kernenergie in Deutschland stattgefunden hatte, während die Amerikaner diese grässliche Waffe bauten. Natürlich rätselten die Gäste weiter über deren Konstruktion. Das Gewicht von 200 Kilogramm, von dem man las, und Hinweise auf das Element Plutonium wurden diskutiert. Die Anhaltspunkte waren immer noch spärlich, aber mit den Kenntnissen der Spezialisten zeichneten sich ziemlich genaue Konturen ab. Heisenberg vermutete richtig, welch ungeheuren Probleme die chemische Abtrennung des erbrüteten Plutoniums bereitet haben musste. Er konnte nicht wissen, dass sein alter Kollege James Franck aus Göttingen genau dieses Problem in Chicago gelöst hatte.

Der 14. August wurde ein denkwürdiger Tag in Farm Hall. Heisenberg hatte seine Mitgefangenen und die englischen Betreuer zu einem Vortrag eingeladen, in dem er erklären wollte, wie eine Atombombe funktioniert. Er hatte sich viele Gedanken gemacht, hatte Berechnungen angestellt, und schließlich hatte sein fachliches Renommee ihn innerlich gedrängt, eine Erklärung vorzulegen. Dieser Vortrag, der der Realität sehr nahekam, sollte die Runde machen und bis nach Washington vordringen. Am Ende beschrieb Heisenberg sogar exakt, wie im Moment der Explosion ein weißglühender, kugelsymmetrischer Feuerball von etwa 20 Metern Durchmesser entstand. Mit seinen Ausführungen gab Heisenberg eine beeindruckende und zugleich bedrückende Demonstration dessen, wie weitgehend theoretische Physik die Wirklichkeit zu erfassen vermag. General Leslie Groves, dem der Vortrag ebenfalls zur Kenntnis gelangte, sollte später feststellen, dass Heisenberg den Amerikanern 1945 so wichtig erschien wie zehn deutsche Divisionen und deshalb den Russen niemals in die Hände fallen durfte.

Trotz einiger Klärungen blieb die zerrüttete Selbstgewissheit ein dauerndes Gefühl bei den Gästen. Hier und da tauchte nochmal die alte Vermessenheit auf. Als am 20. August im amerikanischen Life-Magazin ein Beitrag über die Atomforschung mit Fotos von Wissenschaftlern, darunter auch Otto Hahn, erschien, kommentierte Weizsäcker ihn mit der laxen Bemerkung, es seien fast alle Deutsche. Major Rittner, der wusste, dass dies auch bei dem konkreten Artikel nicht stimmte, notierte in seinem Bericht an die Vorgesetzten ziemlich aufgebracht, man sei wohl von der Vorstellung eines Herrenvolkes noch immer nicht abgekommen.

Die Blicke richteten sich auf die Zukunft, auf die möglichen Forschungen in Deutschland und auf die notwendige internationale wissenschaftliche Zusammenarbeit. Das amerikanische Atomwaffenmonopol war nicht zu leugnen, Heisenberg glaubte allerdings, dass es nicht lange bestehen würde. Die Frage tauchte auf, welche Positionen ihnen, den Spezialisten, einmal zugestanden werden würden. Zeitungen erzählten von dem hohen Ansehen, das Niels Bohr dem einstigen Mitstreiter, Freund und Lehrer entgegengebracht wurde. Sein Einfluss würde zählen. Heisenberg deutete gegenüber Weizsäcker an, es könnten in seinem Fall Bedenken laut werden wegen seines Vaters im Auswärtigen Amt und auch wegen seiner Professur an der nationalsozialistischen Musteruniversität in Straßburg.

Mit vielen Ungewissheiten und wachsendem Verdruss über die lange Internierung vergingen die Tage auf Farm Hall. Auch die inzwischen eingetroffenen Briefe der Ehefrauen und Familien konnten das nicht ändern. Im September hellte sich die Stimmung durch eine überraschende Nachricht deutlich auf. Ein Artikel im »Daily Telegraph« berichtete davon, dass Otto Hahn am 16. November den Nobelpreis für Chemie erhalten sollte. Bei den Gästen brach riesengroße Freude aus, denn man empfand diese Ehrung auch als Anerkennung für die deutsche Wissenschaft, die aktuell eher ein klägliches Bild abgab. In dem Presseecho, das nun einsetzte, wurde die Frage nach dem rätselhaften Verschwinden von Otto Hahn und den anderen Wissenschaftlern immer lauter. Die Gäste konnten jetzt hoffen, dass ihre Tage der Internierung bald zu Ende gehen würden.

Kurz nach Neujahr, am 3. Januar 1946, durften sie nach Deutschland zurückkehren. Die englischen Gesetze erlaubten eine Verwahrung ohne Urteil nur für maximal sechs Monate, und die waren abgelaufen. Alle Gespräche in großer und kleiner Runde auf Farm Hall, ausgenommen jene, die an Otto Hahns Rosenbeet stattfanden, hatte der englische Geheimdienst abgehört und auf Schallplatten mitgeschnitten. Für Carl Friedrich von Weizsäcker begann nun sein zweites Leben.

Am 6. August, dem Tag des ersten Atombombenabwurfs, hatte sich Robert Oppenheimer in sein Arbeitszimmer eingeschlossen. Draußen auf den Gängen hatte sich unter den Jüngeren schrille Freude ausgebreitet über das Funktionieren ihres »Little Boys«, der ersten explodierten Uranbombe. Dann trafen Nachrichten aus Hiroshima ein, sie erzählten von 100.000 Toten, eine Zahl – so unfassbar wie alle solchen monströsen Opferzahlen. Die Hiobsbotschaften setzten sich fort, als drei Tage später Nagasaki durch die Plutoniumbombe unterging. Die Öffentlichkeit fühlte sich jetzt im Bilde über das Manhattan-Projekt. Die leitenden Physiker wurden von der Presse bestürmt. Man besann sich auf die Warnungen und Vorschläge, die vor den Abwürfen kursierten – von Niels Bohr, von Leó Szilárd, von James Franck. Die Stimmung in den Instituten, den Laboren und Speisesälen von Los Alamos brodelte. Ende August gaben 500 Wissenschaftler, darunter alle führenden Physiker, eine Erklärung ab, in der sie nachdrücklich ihre Regierung aufforderten, etwas zu tun, das die Wiederholung eines solchen Infernos ausschloss.

Robert Oppenheimer leitete die Erklärung der Physiker sofort Anfang September nach Washington an das Kriegsministerium weiter und ersuchte um Veröffentlichung. Er teilte auch mit, dass diese Erklärung an weitere 300 Wissenschaftler gegangen sei und auch diese unterschrieben hätten. Das Schweigen der Regierung zog sich über Wochen hin, dann kam die Antwort – das Dokument wurde zur Geheimsache erklärt.

Im Oktober kehrten zwei Wissenschaftler aus dem Kreis um Oppenheimer aus Japan zurück. Sie hatten mit einer Gruppe von Beobachtern Hiroshima besucht. Nun beschrieb Phil Morrison, einer der Rückkehrer, Unfassbares. Was sie vom Flugzeug aus und am Boden gesehen hatten, war eine zerstörte Stadt, die einmal 300.000 Einwohner besessen hatte und in weniger als einer Sekunde in eine brennende Trümmerwüste verwandelt worden war.

Die Demission stand schon länger fest – am 16. Oktober gab Robert Oppenheimer die wissenschaftliche Leitung des Manhattan-Projekts ab. Auf dem Festakt in Los Alamos ging der Blick noch einmal zurück zu dem, was nach überwiegender Meinung getan werden musste. Dann richteten sich die Gedanken auf die kommende schwierige Aufgabe, die Atomwaffen aus den Waffenarsenalen zu verbannen. Ende des Jahres schien sich etwas zu bewegen. Im Rahmen der erst vor Kurzem gegründeten Vereinten Nationen fanden Gespräche statt. Auf dem Tisch lag der Plan, eine Atomenergiekommission zu gründen. Die Herausforderung bestand darin, die weitere Entwicklung von Atomwaffen zu verhindern und zugleich die friedliche Nutzung der Kernenergie zuzulassen. Präsident Truman berief dazu einen Sonderausschuss ein. Oppenheimer gelang es, dank seiner Reputation hier eine Schlüsselrolle einzunehmen. Die beiden bestellten Vorsitzenden Dean Acheson und David Lilienthal, die den Bericht verfassen sollten, gehörten zu den versiertesten Vertretern des politischen Establishments. Aber Lilienthal zeigte sich auch begeistert von Oppenheimers Argumentationskünsten. Der erläuterte den beiden, warum ein Verbot von Atomwaffen allein zu wenig und warum eine Kontrolle so schwierig wäre. Das für zivile Zwecke angereicherte Uran oder Plutonium müsste überall registriert und bewertet werden können, damit eine militärische Nutzung ausgeschlossen bliebe. Diese Aufgabe sollte eine internationale Behörde erledigen. Die Länder müssten einem teilweisen Souveränitätsverzicht zustimmen, damit Uranbergwerke, Atomenergieanlagen und Labors unter die Aufsicht dieser Behörde fallen könnten; mindestens so lange, wie es noch keine Weltregierung gab, die Oppenheimer vorschwebte.

Während an dem Plan noch gefeilt wurde, fuhr man in Los Alamos mit dem Entwurf technischer Details fort. Auch Fuchs wurde in diese Arbeiten einbezogen, in denen er ein ernsthaftes Bemühen um Rüstungskontrolle und ein überzeugendes Niveau sah. Im März wurde der Acheson-Lilienthal-Report dem Weißen Haus übergeben. Alle Beteiligten waren mit viel Engagement und Optimismus bei der Sache gewesen. Alles, was sie vorgeschlagen hatten, sollte natürlich für alle Länder gelten, also auch für die USA. Nun wartete man, aber die Antwort fiel nicht wie erhofft aus. Präsident Truman entschied sich dagegen, den Bericht bei den Vereinten Nationen so vorzulegen. Bernhard Baruch, der UN-Delegationsleiter, sollte den Bericht überarbeiten und im Juni in New York einbringen. Er übertrieb wohl und startete den chancenlosen Versuch, die internationale Atomwaffenkontrolle so einzusetzen, dass sie der Wahrung des amerikanischen Monopols diente. Der Baruch-Plan scheiterte.

Die Nachricht vom Abwurf der beiden Atombomben sorgte in der Sowjetunion für unterschiedliche Reaktionen. Stalin, den Truman während der Verhandlungen in Potsdam schon vor den Abwürfen über die Atombombe ins Bild gesetzt hatte, konnte es sich bei dieser Offenbarung leisten, gelassen zu bleiben. Er kannte durch Fuchs und andere Quellen den amerikanischen Entwicklungsstand. Igor Kurtschatow erreichte die Nachricht in seinem neuen Labor in der Nähe von Moskau. Er und seine Mitarbeiter waren erst vor wenigen Monaten aus dem Stadtzentrum hierher umgezogen. Geheimdienstchef Berias Strafgefangene hatten in kurzer Zeit den Bau errichtet. Nur eine verschwindend geringe Zahl von Mitarbeitern begann hier im August zu arbeiten. Fünfundzwanzig Wissenschaftler und noch 50 Hilfskräfte versuchten, bei der Entwicklung der Atombombe Boden gutzumachen. Dabei galt der Kurs seit Juni als klar abgesteckt, im Mittelpunkt stand für Kurtschatows Team der Bau einer Plutoniumbombe.

Mit den Abwürfen auf japanische Städte demonstrierten die Amerikaner ihr Atomwaffenmonopol gegenüber der Welt. Danach kursierten schnell Ideen zur Rüstungskontrolle und zur möglichen Kooperation. Was man davon halten durfte, würde die Zukunft zeigen. Es war nicht Kurtschatows Sache, sich darüber den Kopf zu zerbrechen. Seine Aufgabe bestand darin, dass sein Land das atomare Patt erreichte. Das, was Niels Bohr vorausgesehen und befürchtet hatte, veränderte nun die Beziehungen der Großmächte zueinander. Noch eine andere Veränderung brachten die Abwürfe mit sich. Es gab keine Diskussionen mehr über die Machbarkeit der Atombombe, der Einsatz über Japan hatte ihre Realität bewiesen. Am 20. August wurde vom Staatlichen Komitee für Verteidigung die Einrichtung eines Spezialkomitees für das Atomprojekt beschlossen, als Leiter wurde Geheimdienstchef Beria bestimmt. Dieses Komitee, dem neben Beria und Kurtschatow noch sieben Personen angehörten, wurde mit weitreichenden Vollmachten ausgestattet. Das Atomprojekt erhielt oberste Priorität. Viele Wissenschaftler wurden jetzt benötigt.

Eine Spezialeinheit der Roten Armee hatte schon gleich nach Kriegsende, ähnlich wie die Amerikaner, damit begonnen, nach deutschen Naturwissenschaftlern und Spezialisten zu fahnden. Als Quellen für die

Namen dienten ihr die Hinweise eigener Wissenschaftler, geheimer Zuträger, aber auch die in Forschungs- und Industrieeinrichtungen gefundenen Unterlagen. Die Spitzen des Uranvereins befanden sich alle in der Obhut der Amerikaner. Einer, der Experimentalphysiker Robert Döpel, der in Leipzig direkt mit Heisenberg zusammengearbeitet und immerhin die erste Kettenreaktion in einem Brenner erzeugt hatte, konnte aufgespürt werden. Die von den Sowjets freundlich, aber bestimmt angesprochenen Spezialisten hatten gegen einen Umzug Richtung Moskau nicht allzu viel einzuwenden. Sie sahen die trostlosen Lebensbedingungen im zerstörten Deutschland und dachten an ihre Familien. Auch wenn Heisenberg und Weizsäcker nicht mehr in Betracht kamen – die, die jetzt nach Moskau beordert wurden, gehörten zur ersten Riege deutscher Wissenschaftler. Gustav Hertz hatte zusammen mit James Franck 1925 den Nobelpreis für Physik erhalten. Die beiden hatten durch Experimente jene diskreten Energieniveaus nachweisen können, auf denen Niels Bohrs berühmtes Atommodell zunächst nur hypothetisch aufgebaut hatte. Auch Peter Adolf Thiessen, ein exzellenter Physikochemiker, Institutsdirektor in der Kaiser-Wilhelm-Gesellschaft und zudem langjähriges NSDAP-Mitglied, gehörte dazu. Bei einer anrüchigen politischen Vergangenheit von Spezialisten hielten es die Russen wie die Amerikaner: Sie spielte kaum noch eine Rolle. Der eigenwillige Privatforscher Manfred von Ardenne war mitsamt seinem Lichterfelder Institutsinventar schon im Mai nach Moskau gebracht worden. Den Physiker Max Steenbeck, der 1935 bei Siemens den ersten funktionierenden Elektronenbeschleuniger der Welt, das Betatron, gebaut hatte, spürte man unter Kriegsgefangenen auf.

Nach und nach kamen die Wissenschaftler an. In der Umgebung Moskaus standen für einige Familien komfortable Datschen bereit, die Verpflegung ließ keine Wünsche offen. Nur weshalb sie sich eigentlich auf den Weg machen mussten, außer dass es mit ihrem Können zu tun haben dürfte, darüber blieben die Spezialisten lange im Unklaren. Auch hier veränderten die weltweiten Nachrichten über die Atombombenabwürfe alles. Sie wussten jetzt, es geht um die Entwicklung der neuen Waffe. Einzeln wurden sie von Beria, dem Chef des neuen Spezialkomitees, vorgeladen, der ihnen nun erklärte, was die Sowjetunion von ihnen erwartet. Er verstand nichts von Physik, traute den Deutschen aber viel zu – zu viel, was in Kurtschatows Team für Verstimmungen sorgte. Mit dem beschlossenen Atomprojekt und den nahezu unbegrenzten Vollmachten entstanden im ganzen Land neue Betriebe und Kombinate, für die Hunderttausende Arbeitskräfte eingesetzt wurden. Das geschah in einer Zeit, in der die Folgen des verheerenden Krieges noch allgegenwärtig waren. Die Menschen litten an Hunger und an fehlendem Wohnraum. Das Atomprojekt forderte die Beschaffung und Bearbeitung von Uran, das noch immer kaum zur Verfügung stand. Die Entwicklung und Errichtung eines industriellen Kernreaktors gehörten zu den drängendsten Aufgaben. Damit einher ging die Entwicklung radiochemischer Methoden zur Aufarbeitung der Kernbrennstoffe, also des Plutoniums. Schließlich wurde auch die Entwicklung großtechnischer Methoden für die Isotopentrennung gefordert, womit man sich die Option für eine Uranbombe offenhielt. Die deutschen Spezialisten arbeiteten in verschiedenen Einrichtungen an der Lösung dieser Aufgaben mit. Für die Pläne zur Konstruktion der Plutoniumbombe wurden sie nicht herangezogen. Das blieb die Aufgabe von Kurtschatow und seinem Team.

Göttingen hatte Glück, von schweren Bombenangriffen blieb es verschont, und so gab es noch das alte Stadtzentrum und die Gassen, all das, was in vielen anderen deutschen Städten in Trümmern lag. Noch 1945, zum Herbstsemester, hatte die Göttinger Universität als erste in Deutschland wieder ihre Pforten geöffnet. Nur jene Wissenschaftler gab es nicht mehr, die Göttingen in den 1920er-Jahren so berühmt gemacht hatten. Wenige hatten das Dritte Reich hier überdauert. Eine Weile radelte noch David Hilbert in der Stadt umher, bis er 1943 starb. Er gehörte zu den ganz Großen der Mathematik. Allerdings – eine Ikone der Wissenschaft lebte doch wieder in Göttingen. Im Mai, gleich nach Kriegsende, hatte ein amerikanischer Trupp der ALSOS-Mission den vereinsamten Max Planck in Rogätz bei Magdeburg aufgespürt, nachdem informierte amerikanische und englische Naturwissenschaftler besorgt nach ihm gefragt hatten. Dort war in den letzten beiden Kriegsjahren sein Zuhause gewesen. Sein umsichtiger Sohn Erwin hatte ihn damals wegen der Bombenangriffe auf Berlin nach Rogätz gebracht. Nun warteten Pflichten auf den 86-jährigen Physiker. Als Übergangspräsident der daniederliegenden Kaiser-Wilhelm-Gesellschaft musste er sich, soweit es noch in seinen Kräften stand, um die Zukunft dieser einmal weltweit anerkannten Wissenschaftsorganisation kümmern, die die Alliierten auflösen wollten.

An einem Sommertag 1946 fährt ein britischer Colonel bei Max Planck vor, man möchte den Physiker zum nahen Flughafen geleiten. Eine Sondermaschine steht schon bereit, die ihn nach London fliegen soll. Er hat eine Einladung der Royal Society erhalten, in der er gebeten wird, an den Feierlichkeiten anlässlich des 300. Geburtstages von Isaac Newton teilzunehmen. Die für drei Tage geplante Veranstaltung liegt nicht genau auf dem korrekten Jubiläumsjahr, das wäre 1942 gewesen, hatte aber wegen des Krieges verschoben werden müssen. Ein Reporter berichtete in der New York Times am 17. Juli, was er gesehen und gehört hat. Ein Zeremonienmeister muss die Ehrengäste mit Namen und ihrem Herkunftsland ankündigen. Als er den Namen des deutschen Professors Max Planck ausrufen soll, gerät er in Schwierigkeiten, stockt ein wenig und behilft sich dann mit einem neutralen »No Country«. Die Augen der Versammelten richten sich auf eine Nische, wo ein alter Mann zusammengesunken auf einem Stuhl sitzt. Der Präsident der Royal Society verlässt die Bühne und geht von den Augen der Anwesenden begleitet zu dieser Nische, um dem Gast die Hand zu schütteln.

Der Reporter berichtete zwar, was er gesehen und gehört hatte, aber nichts von dem, was eigentlich vorging. Der hochbetagte Ehrengast blickte auf ein Leben, in dem sein Land zwei Kriege mit Großbritannien führte. In beiden Kriegen hat er einen Sohn verloren. Karl fiel im Ersten Weltkrieg an der Front. Im Januar 1945 geschah das Unerhörte mit seinem Sohn Erwin. Er gehörte zu den Verurteilten des Widerstandes vom 20. Juli 1944. Max Planck hatte Bittbriefe geschrieben, hatte um das Leben seines Sohnes gefleht, einen Brief richtete er sogar an Hitler selbst. Es half alles nichts. Nun saß der gebeugte Vater im Saal der Royal Society, dem höchsten Gremium der britischen Wissenschaftsgemeinde und vielleicht auch britischer Noblesse als Ehrengast. Er wurde von Schmerzen geplagt, die kaum jemand ahnte. Es waren die beiden Söhne, die ihm fehlten, es war wohl auch das alte Kaiserreich, das ihm fehlte. Mit seinem Kommen diente er der Wissenschaft, seiner Physik und dem vor dem Untergang stehenden Deutschland. Die Physiker würden bald in Verruf geraten, die Welt würde bald nach ihrer Verantwortung und ihrer Moral fragen. Sie gebrauchten das Wissen, das er mitgeschaffen hatte. Als Krönung von drei Jahrhunderten Physik seit Newton, in denen faszinierende Entdeckungen und Theorien entstanden, galt nun die Atombombe.

Ein anderer Vater befand sich in diesem Monat Juli des Jahres 1946 ebenfalls auf Reisen. Emil Fuchs hatte in Frankfurt, wo er jetzt wohnte, einen Zug bestiegen, der ihn nach Bad Pyrmont bringen sollte, einem stillen Kurort nur 100 Kilometer von Göttingen entfernt. Hier fand zum Monatsende die Jahrestagung der »Gesellschaft der Freunde« statt, an der er teilnehmen wollte. Man hatte 1933 mit der großzügigen Hilfe englischer Freunde ein neues Quäkerhaus errichtet. Es stand auf dem Gelände des Friedhofs in der Bombergallee, ein schlichter eingeschossiger Bau mit einem großen Saal in der Mitte. Das Mittagsmahl war vorüber und Emil Fuchs hatte sich mit einem Liegestuhl in den Garten zurückgezogen. Manchmal befiel ihn Unruhe darüber, dass sich seine drei Kinder nicht in seiner Nähe befanden. Der schwer an Tuberkulose erkrankte Gerhard kurierte sich in einem Sanatorium in der Schweiz aus. Klaus und Christel, die Jüngeren, lebten in Amerika. Anfang des Jahres hatte er von Klaus wenigstens einen kurzen Brief erhalten, worin stand, dass es ihm gut ging. Das war aber auch schon wieder ein halbes Jahr her.

Wahres Glück ist sicher ein rares Ereignis. An diesem Tag und in dieser Stunde, die er nie mehr vergessen sollte, wurde es Emil Fuchs zuteil. Eben noch hatte er in seinem Liegestuhl mit dem Schicksal gehadert, da sah er einen hochgewachsenen britischen Offizier den Garten betreten. Verwunderung und Neugier ergriffen ihn zunächst, dann eine Ahnung, als dieser langsam auf ihn zukam, schließlich freudige Gewissheit, als dieser ihn mit »Vater« ansprach. Klaus Fuchs hatte seinen Vater in Frankfurt gesucht und dort erfahren, wo er sich aufhielt. Die Autofahrt nach Bad Pyrmont dürfte für den britischen Offizier ein vertretbarer kleiner Umweg auf seiner Dienstreise durch Deutschland gewesen sein. Zwölf Jahre hatten sich Vater und Sohn nicht gesehen.

Fuchs gehörte zu den Letzten aus der britischen Abordnung, die in Los Alamos geblieben waren, um noch notwendige Aufgaben erledigen zu können. Viele Physiker hatten schon im Herbst 1945 ihren Arbeitsplatz verlassen. Es mangelte danach an fähigen Theoretikern – ein Umstand, der die Abreise von Fuchs verzögert hatte. Erst im Juni konnte er wieder nach England zurückkehren. Man brauchte ihn am neu errichteten Atomforschungszentrum in Harwell, unweit von London, wo ihm die Leitung der theoretischen Abteilung anvertraut werden sollte. Zu seinen ersten Amtshandlungen gehörte nun diese Inspektionsreise nach Deutschland, bei der er in Göttingen Otto Hahn treffen wollte. Sein Auftrag baute wohl auch auf den intimen Kenntnissen auf, die Fuchs damals in London bei der geheimdienstlichen Überwachung der deutschen Uranforschung gewonnen hatte.

Viel Zeit zum Erzählen blieb Vater und Sohn nicht. Emil Fuchs wusste inzwischen, dass Klaus in Amerika mit dieser Atombombe zu tun gehabt hatte, die jetzt überall für Aufregung sorgte. Fragen drängten sich auf, die noch nicht gestellt werden konnten.

Präsident Truman ließ sich regelmäßig von seinem Geheimdienst CIA über den Entwicklungsstand des Atomprojekts in der Sowjetunion informieren. Die Erkenntnisse, die er erhielt, flossen in die Koordinaten seiner Politik gegenüber Stalin ein. Im Juni 1948 verhängte dieser die Berlin-Blockade, und die Welt steuerte einem ersten Höhepunkt des Kalten Krieges entgegen. Einen Monat später schrieb CIA-Direktor Hillenkoetter wieder eine Einschätzung der Lage. Im Grunde hatte sich nicht viel verändert seit dem Bericht vom Dezember des vergangenen Jahres. Es wurde noch einmal hervorgehoben, dass der Austausch mit Großbritannien und Kanada in dieser Frage wichtig wäre, denn nach wie vor konnte ein genauer Termin für die Fertigstellung der russischen Atombombe nicht genannt werden. Schätzungen lagen vor, nach denen damit frühestens Mitte 1950 zu rechnen sei. Viel wahrscheinlicher aber erschien Mitte 1953.

Etwa zu dieser Zeit, als die CIA ihren Bericht dem Präsidenten übergab, startete an einem abgelegenen Ort im Ural, 80 Kilometer von Tscheljabinsk entfernt, die sowjetische Plutoniumproduktion. In der Mitte der Anlage, dem Herzstück, befand sich ein Reaktor mit einem Energieniveau von 100.000 Kilowatt. An dem Weg zur Plutoniumbombe gab es nun keine Zweifel mehr, und die Entscheidung für diesen graphitmoderierten Reaktor bedeutete die letzte Weichenstellung in diese Richtung. Igor Kurtschatow hatte alle verfügbaren Geheimdienstunterlagen ausgewertet, auch den letzten Bericht, den Fuchs abgefasst hatte, als der Trinity-Test stattfand und der die Skizzen der Bombe und ihrer Komponenten enthielt, zudem alle wichtigen Maße. Es waren hilfreiche Informationen für Kurtschatow und sein Team gewesen. Auch die Implosionsmethode war nochmal bestätigt worden. Für deren Entwicklung mussten allerdings große logistische Veränderungen vorgenommen werden. Wie in Los Alamos hatte man ihren genauen Funktionsmechanismus durch laute Explosionsversuche im Freien herausfinden müssen. Das ging im Laboratorium 2 aber nicht, wegen seiner verräterischen Nähe zu Moskau. Im April 1946 hatte sich Juli Chariton, die rechte Hand von Kurtschatow und Chefentwickler des Atomprojekts, auf die Suche nach einem neuen Standort gemacht. Ihm zur Seite stand ein militärischer Leiter. Sie fanden 400 Kilometer weiter östlich, in der Nähe der Stadt Sarow, ein geeignetes Gebiet, wo sich im Krieg eine Rüstungsfabrik befunden hatte. Nicht so weit von Moskau entfernt für russische Verhältnisse und umgeben von Wäldern, errichtete man hier die erforderlichen Gebäude, Anlagen und Institute. Der riesige Komplex mit seinen komfortablen Lebensbedingungen für die Mitarbeiter erhielt später den legendären Tarnnamen »Arzamas-16«.

Diese Aufbauphase lag zwei Jahre zurück, als die Produktion des Plutoniums anlief. Während man in der Sarow-Gegend fieberhaft an den Konstruktionsdetails der Bombe arbeitete, wurden am Produktionsstandort Schritt für Schritt die Plutoniumschalen hergestellt. Im Juni 1949 wurden sie nach Arzamas-16 gebracht. Auch die Abmaße der Bombe standen zu diesem Zeitpunkt schon fest: Ihr Durchmesser sollte über zwei Meter betragen und sie würde um die vier Meter lang sein. Dann erfolgte der Transport des Monstrums in die kasachische Steppe zum Testgelände Semipalatinsk.

Am 12. Juli 1949 kehrte Emil Fuchs zusammen mit seinem Enkel von einem achtmonatigen Aufenthalt in den USA zurück. Er hatte dort seine Tochter Christel besucht und natürlich seine Quäkerfreunde. Eine erlebnisreiche Reise lag hinter ihm, als er mit dem Passagierschiff in Southampton eintraf. Sein Sohn erwartete ihn, dann fuhren sie mit dem Auto zu dritt zum Hillside Drive in der Nähe von Harwell, wo Klaus inzwischen ein neues Fertighaus bezogen hatte. Emil war schon einmal bei Klaus zu Gast gewesen. Damals, vor zwei Jahren, hatte er die jungen Freunde und Kollegen kennenlernen dürfen, mit denen Klaus in Harwell zusammenarbeitete – hoch motivierte, fähige Wissenschaftler, die auch fröhlich feiern konnten, wenn man in einer Runde zusammenkam. Jetzt, so fand er, umgab Klaus viel mehr Ernsthaftigkeit. Lebhaft, wie es immer seine Art war, berichtete Emil Fuchs von seiner langen Reise, von Christels Familie, von den sozialen Ungleichheiten in den USA, auch von Trumans fataler Wiederwahl. Und natürlich wurde über die Zukunft gesprochen. Besonders über den Plan, nach seiner Rückkehr dem Ruf der Leipziger Universität zu folgen und in die Ostzone zu gehen, wollte Emil Fuchs reden. Dort wartete eine Professur für Theologie auf ihn, aber er fürchtete, dass dieser Plan Klaus Unannehmlichkeiten bereiten könnte. Sein Sohn wird still seinem alten 75-jährigen Vater zugehört haben. Er selbst hatte nicht viel Privates zu erzählen. Er war nicht verheiratet, von Kindern konnte nicht die Rede sein und einer Partnerin auch nicht, was nicht unbedingt bedeutete, dass eine Beziehung nicht existierte. Als seine Familie betrachtete er seinen Vater und die beiden noch lebenden Geschwister mit ihren Kindern. Er konnte sich vorstellen, seinen Neffen Klaus bei sich aufzunehmen, der nun mit seinem Großvater in die Ostzone ziehen sollte. Aber so klar fühlten sich die Verhältnisse bei ihm nicht an. Zu dem, was ihm eigentlich auf der Seele brannte, musste er schweigen. Etwas verwundert wird er die leichte Unsicherheit des Vaters über den geplanten Wechsel nach Leipzig bemerkt haben. Er wollte sie schnell aus der Welt schaffen und erkundigte sich noch am gleichen Tag, wie denn dieses Vorhaben zu bewerten sei. Dem Vater teilte er später mit, alles sei ganz unkompliziert, und dann erinnerte er ihn noch behutsam daran, dass er und seine Geschwister ihre Entscheidung doch auch immer selbstständig getroffen hätten, ohne ihn zu fragen.

Klaus Fuchs gehörte inzwischen zur Führungsmannschaft des britischen Atomforschungszentrums Harwell. Man hatte ihn zum Leiter der Theoretischen Abteilung berufen. Die Referenzen, die im Sommer 1946 dieser Entscheidung zugrunde gelegen hatten, waren in jeder Beziehung hochgestimmt ausgefallen. Jetzt, drei Jahre später, war die Anerkennung für ihn in Harwell nochmal größer geworden. Als er von Los Alamos hierhergekommen war, musste er mit einer verstörenden politischen Situation zurechtkommen. Er hatte erfahren, dass Großbritannien den Plan verfolgte, eine eigene Atombombe zu entwickeln. Das hatte Churchill schon im Februar 1945 gegenüber Roosevelt angedeutet, Anfang 1946 war das ambitionierte Projekt dann streng geheim auf den Weg gebracht worden. In Harwell befand sich nur das Nervenzentrum der britischen Atomforschung. Der Reaktorbau, die Plutoniumproduktion und auch die Designentwicklung fanden an anderen Orten der Insel statt. Als verstörend hatte er aber nicht dieses geheime Projekt angesehen, sondern den Anspruch der USA, ihr Atomwaffenmonopol auch gegen ihren früheren Verbündeten England durchsetzen zu wollen. Das hatte weitreichende Folgen. Wissenschaftliche Papiere der englischen Gruppe in Los Alamos, die zum Gelingen des Manhattan-Projekts viel beigetragen hatten, wurden unter Verschluss gehalten. Die unterschiedlichen Meinungen über die Teilung von Informationen sorgten für ernste Verstimmungen bis in die höchsten Regierungskreise. Mit einem Kompromiss entspannte sich die Lage zunächst etwas. Man begann nun, wichtige Dokumente auszuwählen, die für eine Entsperrung infrage kamen. Fuchs wurde zu den Sichtungen beratend hinzugezogen. In Washington fand diese Entwicklung wenig Zuspruch. Die USA hatten den Anspruch, die einzige Macht zu bleiben, die Atombomben besaß und bauen konnte, keineswegs aufgegeben. Im März 1949 entschied Truman im Sinne jener Berater, die diese Politik gegenüber Großbritannien favorisierten. Es sollten aber einige Atombomben bei dem früheren Verbündeten gelagert und, damit einhergehend, die gemeinsame Planung eines möglichen Krieges mit der Sowjetunion vereinbart werden.

Durch den Umzug vom beschaulichen Abingdon ins neue Haus am Hillside Drive hatte sich der Dienstweg für Klaus nochmal verkürzt.

Fuchs fuhr täglich mit dem Auto die Strecke nach Harwell und zurück, und vielleicht versuchte er jetzt, hin und wieder eher vom Forschungszentrum wegzukommen, weil sein Vater zu Hause wartete. Er wollte sich Zeit nehmen für ihn und den Neffen, der nicht zufällig den gleichen Vornamen trug wie er. Unterwegs gingen ihm Termine und Probleme durch den Kopf. Das britische Atomprojekt befand sich, unbeirrt von den amerikanischen Einwänden, an drei Standorten. Der Reaktor, der Plutonium produzieren sollte, wurde in Windscale errichtet. Die Anlage für die Anreicherung von Uran 235 entstand in Capenhurst in Cheshire und für die Entwicklung der Bombe selbst hatte man Aldermaston ausgewählt. Es gab einen großen Bedarf an Spezialisten, und soweit es die theoretische Physik und die Mathematik anging, musste sich Fuchs anfangs auch mit der Planung und der Zusammenstellung des Personals befassen. Er galt als eine Hauptfigur im Projekt, und seine Begeisterung für die Forschung, bei der die drei Standorte immer im Blick bleiben mussten, nahm sich fast schon etwas übertrieben aus. Für eine Sache allerdings gab es noch keinen Standort, sie reichte zurück in die Zeit des Manhattan-Projekts und betraf die »Super«, die Wasserstoffbombe. Damals in Los Alamos hatte Edward Teller sie in seiner quengeligen Art zur Unzeit auf den Plan gerufen, später hatte sich auch Fuchs damit befasst. Im Mai 1946, kurz vor seiner Abreise, war sogar ein Patent entstanden, das er zusammen mit dem Mathematiker John von Neumann angemeldet hatte. Die Vision von einer »Super« war nie aufgegeben worden, nicht in den USA und auch jetzt, Ende der 1940er-Jahre in Harwell, nicht. Im Januar 1947 hatte hier sogar eine Konferenz stattgefunden, bei der man einen Plan für die Erforschung thermonuklearer Reaktionen ins Auge fasste.

In den vier Aufenthaltswochen durften Vater Emil und sein Enkel einige Kollegen von Klaus auch privat kennenlernen. Sie unternahmen zusammen mit der Familie Skinner einen Tagesausflug an die Themse. Herbert Skinner, das lebende Schaubild eines englischen Gentlemans, war der stellvertretende Direktor von Harwell und die rechte Hand seines Leiters John Cockcroft. Er und seine lebensfrohe Frau Erna mochten Klaus sehr, Erna vielleicht noch etwas mehr als ihr Mann, denn sie ließ sich ab und zu bei Klaus in dem neuen Haus sehen. Aus dem nahen

Bristol kam eine Einladung von dem Ehepaar Peierls. Und überall, wenn die Gespräche etwas persönlicher wurden und Klaus sich gerade nicht in Hörweite befand, erfuhr Emil Fuchs, wie sehr die Physikerkollegen seinen Sohn wertschätzten.

Die Wochen gingen schnell vorüber. Klaus brachte seine beiden Gäste zum Flugplatz und begleitete sie noch bis aufs Rollfeld zur Maschine. Vater und Sohn spürten, dass der Abschied diesmal schwerfiel. Die Erinnerung an seinen Auftrag von einst tauchte in Klaus' Erinnerung auf, als er in die Emigration geschickt wurde – nämlich, dass er etwas lernen sollte, was für das sozialistische Deutschland einmal von Nutzen sein würde. Er hätte etwas anzubieten, ja. Wollte er es auch noch? Wenn Emil Fuchs mit seinem Enkel in Frankfurt ankommt, würde er ein verändertes Land vorfinden. Im Mai wurde die Bundesrepublik Deutschland gegründet. Ein sozialistisches Deutschland existierte noch nicht, aber etwas Neues zeichnete sich in der sowjetisch besetzten Zone ab. Und am 7. Oktober 1949 sollte die DDR gegründet werden.

In einem Fachbericht, den Klaus Fuchs in Harwell verfasst hatte und der die vielversprechenden Eigenschaften eines schnellen Kernreaktors zum Thema machte, wagte er am Ende die Vorhersage, dass bis 1980 alle Energieerzeugungsanlagen mit Kernkraft betrieben werden würden. An dieser friedlichen Vision hing er. Und mit diesem Wunsch, die Kernkraft friedlich zu nutzen, war er unter all den Physikern, die sie erforscht und entwickelt hatten, wahrlich nicht allein.

Nur wenige Tage nach der Abreise des Vaters beschäftigten Hinweise über den gelungenen Test einer russischen Atombombe die Welt. Am 23. September 1949 wandte sich Präsident Truman mit einer Note an die Öffentlichkeit. Er bestätigte darin die Atomexplosion und beschwor die Notwendigkeit, jetzt eine wirklich effektive internationale Kontrolle der Atomenergie durchzusetzen. Nicht erwähnt wurde, dass die Russen eine Plutoniumbombe gezündet hatten. Das nukleare Wettrüsten war für alle erkennbar eröffnet.

Fuchs hatte diese Nachricht irgendwann erwartet, dennoch überraschte sie ihn jetzt. Wegen dieser aktuellen Entwicklung kamen zwischen den Regierungen Amerikas und Großbritanniens noch einmal die gewünschte Teilung von Atominformationen und die Möglichkeit einer weiteren Kooperation zur Sprache. Die aber sei nur denkbar, so erklärte im September die amerikanische Seite, wenn die gesamte Plutoniumproduktion in den USA bliebe. Forderungen dieser Art ließen keine Einigung zu. Sie änderten sich auch nicht, als im November von britischer Seite ein überarbeiteter Vorschlag auf den Tisch kam. Die starre amerikanische Haltung musste auf die englischen Wissenschaftler, so sie bis zu ihnen durchdringen konnte, frustrierend und rätselhaft wirken.

Seit er wieder in England lebte, hatte Fuchs sechsmal mit dem Geheimdienst Moskaus in direkter Verbindung gestanden. Die Kontaktaufnahme bei seiner Ankunft bereitete ihm zunächst unerwartete Probleme. Sein vertrauter Vermittler in London, an den er sich immer wenden konnte, hatte England verlassen. Nun musste er sich in kommunistischen Kreisen erstmal nach neuen Möglichkeiten umsehen. Schließlich wurde eine neue, funktionierende Verbindung aufgebaut. Meistens fanden die Treffen in London, in der Nähe der Metrostation Kew Gardens, statt. Dabei übergab er weitere Informationen über die Plutoniumbombe. Auch die von ihm selbst angestellten detaillierten Berechnungen zur Explosion und Strahlungsdichte von Atombomben befanden sich darunter. Schließlich übermittelte er sein Wissen über die »Super«. Immer öfter wurden ihm aber auch Fragen gestellt, die er, so gut es ging, beantwortete und an deren Tiefe er den Stand der russischen Atom- und Wasserstoffbombenentwicklung ermessen konnte.

Ein Treffen musste er absagen wegen einer Lungenkrankheit, die sein übermäßiger Zigarettenkonsum zumindest befördert haben dürfte. Einem weiteren blieb er ebenfalls fern. Die über Jahre andauernde psychische Belastung hatte an ihm gezehrt. Das atomare Patt schien nun in greifbarer Nähe, und er hätte eigentlich aufatmen können. Danach stand ihm aber nicht der Sinn, vielmehr war nun zu befürchten, dass mit dieser russischen Atombombe verstärkt nach dem Leck in der britisch-amerikanischen Geheimnisträgerschaft gefahndet würde.

Nach der Abreise des Vaters wollte Klaus Fuchs noch einmal mit seinem Kollegen Henry Arnold sprechen, dem Sicherheitschef von Harwell. Dessen Dienstraum befand sich gleich neben seinem, und beide

Männer standen in einer freundschaftlichen Beziehung zueinander. Die Pläne seines Vaters, nach Leipzig in die sowjetische Zone zu gehen, sollten aktenkundig offengelegt werden. Dabei gab er auch an, dass der Entschluss des Vaters wohl unabänderlich sei. Arnold hörte sich die Sache an und meinte am Ende, dass besser die höhere Ebene informiert werden sollte.

4
Besinnung

4.1 Wie die Urteile fallen

Nichts geschah ohne Zustimmung der britischen Besatzungsbehörden, als in Göttingen ein neuer Anfang gewagt wurde. Max Planck war als Erster der ehemaligen deutschen Spitzenphysiker in die Stadt gekommen. Im Frühjahr 1946 folgte dann fast die gesamte Farm-Hall-Gruppe: die Nobelpreisträger Otto Hahn, Max von Laue und Werner Heisenberg, dann Carl Friedrich von Weizsäcker und Karl Wirtz, auch Bagge und Korsching. Werner Heisenberg hatte sich strikt geweigert, mit seiner Familie in ein Haus zu ziehen, wo keine Zustimmung der Eigentümer vorlag und er sicher sein konnte, dass die vorherigen Bewohner nicht vertrieben wurden. Natürlich hatte er Angebote der Amerikaner und Briten erhalten, in ihren Ländern zu arbeiten. Er wusste wohl, dass in den nächsten Jahrzehnten Amerika in Wissenschaft und Forschung führend sein würde. Es gab dort viele ausgezeichnete Physiker und noch mehr materielles Potenzial. Aber er sah seinen Platz in Deutschland, um mitzuhelfen, an die geistigen Traditionen des Westens wieder anknüpfen zu können, die durch Hitler und den Krieg unterbrochen worden waren. Das hieß, ein weitreichendes und schwieriges Anliegen zu verfolgen.

Im Konkreten entwickelte sich das Geschehen in Göttingen erst einmal so, als hätten die physikalische Forschung und Lehre nur eine Pause eingelegt, als hätte man tief Luft geholt und dann die Arbeit wieder aufgenommen. In puncto Standort war die Nähe zur russischen Besatzungszone etwas beunruhigend. Weizsäcker wurde eine Wohnung in der Bunsenstraße zugewiesen, in der er mit Frau und Kindern, Schwiegervater und seinem jüngeren Bruder Richard unterkam. Im gleichen Haus hatte auch Max von Laue eine Wohnung bezogen. Mit Genehmigung der Briten entstand in Göttingen das ehemalige Kaiser-Wilhelm-Institut für Physik neu, dessen Direktor – wie schon in Berlin und Hechingen – wieder Heisenberg wurde. Weizsäcker übernahm die Leitung der Theorie und zugleich eine Honorarprofessur an der Universität. In der Forschung wendete man sich der Höhenstrahlung zu, kernphysikalische Arbeiten hatten die Alliierten verboten. Weizsäckers Interesse richtete sich jetzt auch wieder auf die Kosmologie. Eine alte Arbeit über die Entstehung der Planetensysteme wurde hervorgeholt. In zwei anderen Artikeln befasste er sich mit der Entwicklung und der Unendlichkeit des Weltalls. Und er hielt eine zwölfteilige Vorlesung über die Geschichte der Natur.

Der Wechsel zum Großen und Ewigen lag nahe in Anbetracht der unerledigten politischen Fragen und vagen inneren Antworten, die ihn bewegten. »Wir hätten es wissen können« – war so eine, die ihn mit Blick auf die Verbrechen des Holocaust quälte. Weizsäcker war noch jung, gerade mal 35 Jahre alt, genau wie Fuchs drüben in England. Er gehörte zu einer deutschen Familie aus der Oberschicht, und er ahnte den Druck, die Dinge ordnen zu müssen – was hieß, ihre Rolle im Nationalsozialismus mit dem moralischen Anspruch seiner Familie und seines Standes zu befragen. Unangefochten stand das Bild seines Vaters vor ihm, den er liebte und verehrte. Er hatte an das Augenmaß seines Vaters geglaubt, an sein politisches Wirken und an seine Versuche, als Staatssekretär von Ribbentrop den Krieg zu verhindern. Aber jetzt warteten auf die Familie unerhörte Prüfungen.

Ernst von Weizsäcker hielt sich 1947 noch immer im Vatikan auf, wo er nach seiner Demissionierung in Berlin als deutscher Botschafter residiert hatte. Im März wurde er von dem amerikanischen Ankläger Robert Kempner, einem emigrierten deutschen Juden, vorgeladen und verhört. Kempner konfrontierte ihn mit einem Schreiben, das noch in Weizsäckers Funktion als Staatssekretär auf seinen Tisch gelangt war. Darin wurde über die Deportation von 6.000 Juden aus Frankreich nach Auschwitz informiert, es trug die Beifügung des Staatssekretärs »keine Bedenken«. Mit diesem belastenden Dokument begannen aufwändige Untersuchungen, in deren Verlauf mehrere hohe Beamte des Auswärtigen Amtes unmittelbar mit den Verbrechen des Naziregimes in Zusammenhang gebracht wurden. Anfang November 1947 lag die von Kempner verfasste Anklageschrift vor, und Mitte November begann das Verfahren, das als Wilhelmstraßenprozess in die Geschichte einging. Ernst von Weizsäcker wurde als Hauptangeklagter benannt. Für die Familie bedeutete dieser Prozess eine Katastrophe. Carl Friedrich und Richard, Angehörige und Freunde loteten alle Möglichkeiten aus, die Verteidigung zu organisieren. Fast ein Jahr verging. Im April 1949 erging ein hartes Urteil: sieben Jahre Haft für Ernst von Weizsäcker, schuldig gesprochen in zwei von sieben Anklagepunkten. Einer davon lautete »Verbrechen gegen die Menschlichkeit«. Die Richter folgten nicht der Verteidigung, die ins Feld führte, man könne eine gefährliche Politik nur in verantwortlicher Position verhindern, und das genau habe Weizsäcker versucht. In ihrer Antwort betonten die Richter, dass die Absicht, Schlimmes verhindern zu wollen, eine strafbare Handlung nicht rechtfertigen könnte. Die Betroffenheit der Familie über das Urteil war riesengroß. Der Sohn Carl Friedrich bezeichnete es als einen entsetzlichen Irrtum. Das mag für einen Sohn, der die schützende Hand über Vater und die Familie halten wollte, nachvollziehbar sein – doch die Wahrheit ist eine andere.

Neben all den persönlichen Sorgen bewegte Weizsäcker das Weltgeschehen, das nun mit der Atombombe aus den Fugen zu geraten drohte. Er nahm die sich formierende Friedensbewegung, die jetzt in Frankreich aufkam, von Ferne wahr. Im April 1949 fand in Paris der erste Weltkongress »Kämpfer für den Frieden« statt. Gegenüber solchen Massenansammlungen, zumal kommunistisch unterwandert, blieb er reserviert. Er setzte auf die Vernunft und das Wort – sein Wort. Aber dazu brauchte es Zeit, seine Sinnsuche hatte gerade erst begonnen – sein zweites Leben. Die Kräfte mussten neu bemessen werden, und so beschloss er, allzu ehrgeizige wissenschaftliche Träume aufzugeben und sich vorerst auf seine Pflichten in Familie und Beruf zu beschränken.

Seine zwölfteilige Vorlesung zur »Geschichte der Natur«, die Weizsäcker an der Göttinger Universität gehalten hatte, brachte ihm, gewiss zur passenden Zeit, große Anerkennung ein. Das Buch, das aus ihr entstand, wurde bald ins Englische und im Laufe der Zeit in vier weitere Sprachen übersetzt, darunter auch ins Japanische. Hier stand dem Leser sein universales Wissen ausgebreitet vor Augen, das schon Otto Hahn in Farm Hall so beeindruckt hatte. Von seinen eigenen astrophysikalischen Arbeiten ausgehend, entwarf er ein komplexes Bild vom Universum und der irdischen Naturgeschichte. Diesem ersten Projekt sollte irgendwann ein zweites folgen, das die Geschichte der Geschichte der Natur, also den Wissenserwerb, ins Blickfeld rückt. Würde darin auch der Physiker als Individuum mit seinem Erkenntnishunger und seinen Irrtümern vorkommen? Aber so weit war es noch nicht.

Sieben Jahre Haft lautete das für die Familie katastrophale Urteil. Es besaß noch keine Rechtsgültigkeit, denn das Gericht behielt sich vor, den Spruch noch einmal auf Rechts- und Tatsachenirrtümer zu überprüfen. Im Dezember 1949 verkürzte es das Strafmaß auf fünf Jahre. In der neuen Bundesrepublik mehrten sich einflussreiche Politikerstimmen, die an den amerikanischen Hochkommissar Gnadengesuche sendeten. Auch Bundespräsident Theodor Heuss wandte sich damit an John McCloy. Zu diesem Zeitpunkt hatte Ernst von Weizsäcker seine Lebenserinnerungen abgeschlossen. Eine Weile wurde in der Familie darüber nachgedacht, ob man einem Vorabdruck in der Wochenzeitung »Die Zeit« zustimmen sollte. Das Ansinnen wurde fallen gelassen. Denn »Die Zeit« hatte sich inzwischen einen gewissen landesweiten Ruf im Kempner-Bashing erworben. Nun befürchtete die Familie Weizsäcker, dass die Nähe des verurteilten Vaters zu diesem Medium die Entscheidung des Hochkommissars über das Gnadengesuch für Ernst negativ beeinflussen könnte. Die »Erinnerungen« erschienen wie geplant 1950 im Paul List Verlag München.

Im Herbst 1949 unterbrach Weizsäcker seine Vorlesungstätigkeit in Göttingen und reiste für das kommende Wintersemester in die USA. Er folgte einer Einladung zu Gastvorlesungen an die Universität von Chicago. In seinem Gepäck befand sich auch das Manuskript seines Vaters. Der in der Stadt ansässige Verlag Henry Regnery Co., der gute Verbindungen zur Universität unterhielt, bot sich als Adresse für ein Buch an. Regnery war ein kluger konservativer Geist, dem Name und Fall bekannt gewesen sein dürften, auch befand er sich im gleichen Alter wie der deutsche Professor. Das Profil des Verlages spiegelte den Geist seiner politischen Auffassungen wider, was einer amerikanischen Ausgabe der »Erinnerungen« den Weg ebnete.

In diesen Monaten in Amerika traf er auch Edward Teller, seinen ehemaligen Seminarbetreuer aus den Leipziger Tagen, als Weizsäcker bei Heisenberg studiert hatte. Der Gedankenaustausch wird nicht ohne ein Abtasten vonstattengegangen sein, bei dem die Meinungen des anderen geprüft wurden. Zwanzig Jahre oder mehr hatte man sich nicht gesehen. Anknüpfungspunkt für das Gespräch könnten die Forschungen im Uranverein gewesen sein – die überbewertete atomare Bedrohung durch Hitlerdeutschland. 1947 war Samuel A. Goudsmits Buch »ALSOS« erschienen, in dem auf der Grundlage seiner Verhöre viel über die deutschen Atomforscher zu lesen stand. Goudsmit attestierte den Deutschen darin, den Unterschied zwischen einem Reaktor und einer Bombe nicht begriffen zu haben, was bei Heisenberg und auch bei Weizsäcker großen Ärger hervorrief. Die Behauptung war falsch, Goudsmit musste sie wieder zurücknehmen. Das Treffen mit Teller dürfte eine Gelegenheit gewesen sein, den amerikanischen Physikern Genaueres über das Wissen der Deutschen zu berichten. Teller, der die Lobby für die Wasserstoffbombe anführte, gehörte zu den einflussreichsten Stimmen der amerikanischen Kernwaffenforschung. Allerdings: Die Neugier des amerikanischen Kollegen auf eine Präzisierung deutscher Forschungsbemühungen von vorgestern dürfte, fünf Jahre nach dem Krieg, nicht mehr sehr groß gewesen sein. Goudsmit, der von Weizsäckers Besuch in den USA wusste und von seiner unnachgiebigen Haltung nicht lassen wollte, mahnte Universitäten und Einrichtungen schriftlich, von einem Kontakt mit dem Deutschen abzusehen. Es war Teller, der diesen Boykott durchbrach.

In diesen Monaten in Amerika konnte Weizsäcker interessante Kontakte knüpfen. Er würde bald wiederkommen. Eine Nachricht, die er nach seiner Rückkehr seiner Familie mitteilen durfte, freute ihn besonders: Das Buch seines Vaters würde in Amerika erscheinen. Schon im Oktober 1950 wurde Ernst von Weizsäcker auf Anweisung des amerikanischen Hochkommissars aus der Haft entlassen. Ein knappes Jahr blieb ihm noch zu Hause in Lindau, wo er als Landwirt privatisieren wollte, dann starb er 1951 an den Folgen eines Schlaganfalls. Fast zeitgleich kamen seine »Erinnerungen« in den USA heraus.

Der Funkverkehr zwischen Moskau und dem sowjetischen Konsulat in New York wurde von der National Security Agency (NSA) seit Langem aufmerksam beobachtet. Unzählige abgehörte Telegramme hatten sich angesammelt, natürlich waren alle Informationen verschlüsselt. Solange die Sowjetunion als Verbündeter galt, hatte es Hemmungen gegeben, die Dechiffrierungstrupps breit aufzustellen und an die Arbeit gehen zu lassen. Das Abhören des Botschaftsfunks von Verbündeten war, internationalen Regeln entsprechend, schlichtweg verboten. Das änderte sich 1945 mit dem Ende des Krieges. Die Entschlüsselung der Telegramme erwies sich allerdings als äußerst schwierig, und erst im Sommer 1949 gelang es, wichtige Hinweise über konspirative Treffen aus dem Wust der Dokumente zu extrahieren. Zwei Codenamen, die mehrmals auftauchten, konnten dabei Klaus Fuchs zugeordnet werden. Aus den beiden Namen »Charles« und »Rest« ging hervor, dass Fuchs inzwischen von beiden großen russischen Geheimdiensten NKWD und GRU geführt wurde. Im September eröffnete das FBI den »Fall Fuchs«, und etwa zur gleichen Zeit wurde der englische Geheimdienst MI 5 über den Stand der Ermittlungen unterrichtet. Die brisante Nachricht erreichte auch Premierminister Attlee und Präsident Truman. Im Fall »Fuchs« verfügte das MI 5 zu diesem Zeitpunkt über keinen schlüssigen Beweis. Kein Treffen konnte beobachtet und dokumentiert werden, das zweifelsfrei belegt hätte, dass Informationen verraten wurden. Noch immer hatte die exzellente und engagierte Arbeit des Verdächtigen, die bis in alle Gremien Anerkennung fand, Gewicht.

Der von Fuchs selbst erwähnte Plan des Vaters, in die Ostzone zu gehen, und das mit diesem Schritt einhergehende Sicherheitsrisiko boten dem britischen MI 5 einen unverdächtigen Anlass, mit Fuchs ins Gespräch zu kommen. Diese Aufgabe übernahm im Dezember der psychologisch routinierteste Vernehmer des MI 5, William Skardon. Er strebte ein Geständnis an, das alle Zweifel aufhob. Skardon war sieben Jahre älter und trug Schnauzbart – ein einnehmender englischer Gentleman. Fuchs wurde von ihm gleich im ersten Gespräch mit der Behauptung konfrontiert, es würden Beweise vorliegen, dass er den Russen Informationen übergeben hätte. Man redete höflich und respektvoll miteinander. Skardon erwähnte, dass er vielleicht in Harwell bleiben könnte, wenn er gestehen würde. Fuchs zeigte sich überrascht, wies die Anschuldigung aber zurück. Über Weihnachten wurde eine Pause eingelegt, die Zeit zur Besinnung gab, Zeit für geheime Fragen und die Suche nach Antworten in diesen Tagen größter psychischer Belastung.

Zu seinem Geburtstag am 29. Dezember 1949 lud Fuchs Freunde ein. Am nächsten Tag sollte wieder ein Gespräch mit Skardon stattfinden. Er war eben 38 Jahre alt geworden und ahnte wohl, dass sein

Leben im politisch diffusen Raum nicht endlos so weitergehen konnte. Doch ein weiteres Mal wird er abstreiten. Er wird später in seinem Geständnis erklären, dass dieses Verhalten seiner Unsicherheit entsprang, vielleicht in Harwell bleiben zu wollen. Dann, Anfang Januar, bat der Direktor von Harwell, Sir Cockcroft, Klaus Fuchs zu sich. Er eröffnete ihm, dass es wegen der Sache mit seinem Vater wohl besser wäre, seinen leitenden Posten aufzugeben. Seine Mitarbeiter und Freunde hatten noch keine Ahnung von dem Verdacht, der gegen ihn bestand. Diese Aufforderung nagte an ihm, der Eindruck ließ sich nicht mehr wegreden, dass der Prozess gegen ihn kaum noch aufgehalten werden konnte. In diesen Tagen kündigte sein Vorgesetzter und Freund Herbert Skinner einen kurzen Besuch an. Was er zu sagen hatte, konnte nicht zwischen Tür und Angel besprochen werden. Also setzte man sich, redete zunächst über Beiläufiges und dann, nach einer Pause des Schweigens, erwähnte Skinner die Verdächtigungen, die im Raum standen. Er versicherte seinem Freund, dass man wirklich alles tun würde, um ihn gegen diese Verdächtigungen zu verteidigen. Er müsste ihm nur sagen, dass an der Sache nichts dran sei. Dieser Geste zeigte sich Fuchs' Verschwiegenheit nicht mehr gewachsen. Es wird eine Pause, ein Zögern gegeben haben, dann stand die ehrliche Antwort im Raum: »Das kann ich nicht!« Die Folgen dieses Augenblicks, in dem kein Profi handelte, sondern ein Freund dem Freund antwortete, weil ihm anderes nicht zu Gebote stand, sollten in der äußeren Welt ein politisches Beben erster Ordnung auslösen und in der inneren unlöschbare Spuren hinterlassen.

In drei Tagen musste er wieder zu seinem Vernehmer. Gegenüber Skardon gab er zu, dem russischen Geheimdienst Informationen übergeben zu haben. Das bedeutete noch kein vollumfängliches Geständnis. Um ausführlicher zu werden, brauchte es Zeit. Am 27. Januar 1950 erzählte er William Skardon, ohne technische Details zu nennen, die Geschichte seines Lebens, die zum Verrat führte. Diese persönliche Offenbarung folgte auch der Sorge um seine Schwester Christel in Amerika, die er vor Nachforschungen schützen wollte. Er beantwortete schließlich die Frage, welchen Typ einer Atombombe die Russen seiner Einschätzung nach wohl gezündet hätten: eine Plutoniumbombe.

Wer sich als Beobachter dem Thema Verrat mit seinen unerschöpflichen Varianten zuwendet, wird bei der Suche nach lupenreinen Motiven selten fündig werden. Nur dort, wo es dunkel wird, wäre etwas zu entdecken, das eigentlich nicht zu ihm gehört: die Denunziation. Liebe und Eifersucht, Geldgier und Rachsucht, Feigheit und Angst, Egoismus und Geltungssucht und alle Facetten dazwischen können den Verrat auslösen. Dieser dem Menschen zugeeignete Reigen an Motiven bedarf eigentlich keiner analytischen Vertiefung, er ist auf den Feldern der Literatur und Geschichtsschreibung gut aufgehoben. Von 1956 bis 1960 wurde in vier nacheinander erschienenen Arbeiten der deutschen Publizistin Margret Boveri ein tieferer Blick auf den Verrat versucht. »Der Verrat im 20. Jahrhundert« fragte nach Varianten verräterischen Handelns. Was immer vorzukommen schien: Das Individuum entzieht sich vorherrschenden Ideologien, Autoritäten oder gängigen Maximen. Es erlaubt sich Treulosigkeit und findet die Kraft, Treue zu vergeben. Nur den unvermeidlichen Loyalitätskonflikten, die sein Handeln dabei hervorbringt, kann es sich nicht entziehen.

Boveri befasste sich in ihrer Arbeit auch ausführlich mit den Atomspionen, den Geheimnisverrätern, und gelangte gegenüber Fuchs zu einem überraschenden Urteil: Im Vergleich zu dem gleichaltrigen Engländer Nunn May, einem Experimentalphysiker, der erst 1945 in den Spionagedienst eintrat, erkannte sie in seinem Fall eine besondere »außenpolitische Wirkung – sowohl im Verhältnis zur Sowjetunion wie in Bezug auf die schwer getroffene britisch-amerikanische Zusammenarbeit –, (die) erst von den Historikern ganz abzuschätzen sein«[4] wird. Und auch menschlich fügte Boveri ihn in eine »ganz andere Kategorie« ein. Sie sah ihn, den Vertriebenen, als den Geflüchteten, Entwurzelten und Verschleppten zugehörig, den Displaced Persons der Krisen- und Kriegszeiten. Mit dieser Sichtweise schrieb sie der Zukunft eine weitreichende Aufgabe ins Stammbuch: Wenn einst anstelle des unbekannten Soldaten diese Gruppe geehrt werden sollte, dann könnte Fuchs »geradezu als Modell für ein Denkmal des Flüchtlings im 20. Jahrhundert dienen«.[5]

Zwanzig Jahre später griff ein ausgewiesener Insider der Ereignisse die besondere Stellung von Fuchs noch einmal auf. Norris Bradbury, der langjährige Direktor des Los-Alamos-Forschungszentrums und Nachfolger von Oppenheimer auf diesem Posten, trug seine Erinnerungen an Fuchs und dessen bitteren Loyalitätskonflikt mit viel Respekt vor. »Er arbeitete sehr hart; sehr hart für uns, für unser Land ...«, erinnerte sich Bradbury. Fuchs hätte einen tiefen Hass auf die Deutschen gehegt und wäre der Meinung gewesen, dass Amerika nicht genug den Russen hilft, die Deutschen zu besiegen. Darum hätte er auch sehr hart für Russland gearbeitet. »Nun, er war auf seine besondere Art und Weise loyal gegenüber den Vereinigten Staaten. Er litt unter einer doppelten Loyalität.«[6]

Die Mehrheit der Briten hatte schockiert, aber wohltuend unaufgeregt auf die Nachricht von der Atomspionage reagiert. Nach seiner Rückkehr aus Amerika lebte und arbeitete Peierls wieder in Birmingham. Er und Genia, seine Frau, konnten nicht glauben, was über seinen Kollegen und Freund Klaus Fuchs erzählt wurde. Das Paar war aufgewühlt, erschüttert, denn es ging nicht nur um den Verrat des Freundes, es ging auch um dessen Leben. Nun saß Peierls am 4. Februar, einem Samstag, im Zug nach London auf dem Weg zum Brixton-Gefängnis, wo Fuchs in Untersuchungshaft saß. Die Formalitäten für den Besuch erwiesen sich als überraschend einfach, er wurde ohne bürokratische Hürden vorgelassen. Die Freunde unterhielten sich lange, Peierls fragte und Fuchs antwortete. Ja, er hatte Informationen übergeben, er bedauerte das, sagte Fuchs, er hätte die Lebensweise in England schätzen gelernt. Worüber er wohl nicht sprechen konnte, war die große Hilflosigkeit, die einen erfasst, wenn man die Täuschung und den Verrat gegenüber Freunden vor sich selbst zugeben muss. Peierls konnte nicht verstehen, wie ein kritischer Wissenschaftler einer orthodoxen Bewegung wie dem Marxismus folgen konnte. Fuchs erinnerte ihn daran, wie er in Deutschland von den Nazis verfolgt wurde, und wiederholte dann einen verstörend optimistischen Gedanken aus seinem Geständnis: Er habe den Russen geholfen, und er wollte, wenn es an der Zeit ist, aufstehen und sagen, was an ihrer Politik schlecht wäre.

An diesem Samstag, nachdem Rudolf Peierls von seinem Besuch im Gefängnis nach Hause zurückgekehrt war und seiner Frau berichtet hatte, schrieb Genia einen leidenschaftlichen Brief an den Freund. Zwei

Tage später antwortete Klaus aus dem Gefängnis. Dieser einmalige Briefwechsel[7] erzählt von dem verzweifelten Versuch, moralischen Halt in einer Sache zu finden, die jenseits der Moral längst entschieden war. Die Täuschung, der Verrat hatten jahrelang stattgefunden. Heftige Zuneigung mag die alten Bilder der Vergangenheit schützen. »Ich habe dir auf jeden Fall vertraut. Darüber hinaus hielt ich dich für den anständigsten Menschen, den ich kannte. Das mache ich auch jetzt noch«, schrieb Genia. Sie sprach auch die Täuschung im Privaten an, als Klaus wie ein guter Freund der Familie ihre Kinder noch letztes Weihnachten, vor gut einem Monat, beschenkt hatte: »Was hast du mit ihnen gemacht, Klaus?« Noch mehr bewegte sie der Verrat im Großen: »Ist dir bewusst, welche Auswirkungen dein Prozess auf Wissenschaftler hier und in Amerika haben würde? Ist dir klar, dass sie nicht nur von Beamten, sondern auch von ihren eigenen Freunden verdächtigt werden, denn wenn du konntest, warum nicht sie?« Es muss in diesen Tagen für die Peierls noch eine kleine Hoffnung gegeben haben, dass die Anklage und der Prozess gegen Klaus vermieden werden könnten. Genia bat ihn inständig zu »sagen, wer die wirklichen Verbindungen sind. Tue das Richtige! Versuche, so viel wie möglich von dieser anständigen, warmherzigen und toleranten, freien Gemeinschaft der internationalen Wissenschaft zu retten, die dir in den letzten zehn Jahren so viel gegeben hat.«

Klaus Fuchs zog sich in seiner Antwort an Genia auf Erklärungen zurück – er sprach nicht über die Motive für sein Handeln, das hatte er vor einer Woche in seinem Geständnis getan. Er erzählte von den psychischen Belastungen, die sein Doppelleben für ihn bedeutet hatte. Dabei führte er die »kontrollierte Schizophrenie« an, die als Erklärungsversuch einmal die Runde machen sollte. Und zu Genias Appell schrieb er: »Ich weiß, dass es meine Aufgabe ist, zu versuchen, das Chaos, das ich angerichtet habe, zu beseitigen.«

Wege bot er keine an. Er glaubte auch nicht, dass eine Anklage niedergeschlagen werden könnte. Er glaubte viel eher, dass er mit der Todesstrafe rechnen müsse. Ganz am Ende ihres Briefes schrieb Genia noch diesen kurzen Satz, der wie eine Prophezeiung daherkam: »Ich mochte dich so sehr und wollte so sehr, dass du glücklich bist, und jetzt wirst du es nie mehr sein.«

Aus diesen Sätzen formt sich ein anderes Bild: Zwei vertraute Menschen stehen sich an den Rändern eines tiefen Grabens gegenüber, der, für die eine Partei noch nicht ganz fassbar, zu der neuen großen Bruchlinie der politischen Systeme gehört, die durch die Welt geht.

Am 10. Februar 1950 wurde Fuchs vom Londoner Brixton-Gefängnis, wo er sich seit einer Woche in Untersuchungshaft befand, zur Anhörung an das Amtsgericht in der Bow Street überstellt. Das öffentliche Interesse war groß. 60 Reporter hatten sich akkreditieren lassen, und natürlich hatte sich auch ein Vertreter der amerikanischen Botschaft angesagt. Staatsanwalt Christmas Humphreys kam schnell zur Sache und verlas die Anklagepunkte. Ihm lag das vielseitige Geständnis von Klaus Fuchs vor, in dem vom Scheitern der Weimarer Republik berichtet wurde und von der fatalen Rolle der SPD, der er und sein Vater damals angehörten. Es beschrieb seinen Weg zur Kommunistischen Partei, um Hitler zu verhindern. Es erzählte von der Emigration, seiner wissenschaftlichen Entwicklung in England und von seinem Entschluss, durch Informationen der Sowjetunion zu helfen. Dieser Entschluss und seine Durchführung waren immer von Zweifeln begleitet gewesen: Zweifeln an der russischen Politik, aber auch Zweifeln an sich selbst, als er seine Wegbegleiter, Freunde und Mitarbeiter täuschen musste. Am Ende des Geständnisses wurde Harwell erwähnt. Er liebte seine Arbeit dort, er wollte dazu beitragen, dass Harwell und die Tätigkeit seiner Freunde keinen Schaden erlitten. Zu den Namen der Kontaktleute konnte er nichts sagen.

Zwei Stunden dauerte die Anhörung. Man wird später das Auftreten des Angeklagten, der in einem braunen, zerknitterten Anzug und einer dunkelroten Krawatte erschien, als sehr nervös beschreiben. Staatsanwalt Humphreys ließ von dem Geständnis, aus dem er Teile zitierte, wenig gelten, er bewertete es vielmehr als das Resultat einer mentalen Krise. Als Essenz blieb festzuhalten, dass die Sicherheitsverpflichtung gebrochen worden war und dass der Verrat, der einen unermesslichen Schaden zur Folge gehabt hatte, gegen ein Land begangen worden war, das ihm einmal Sicherheit gewährt hatte. Alle Vergehen seien aus Hingabe an die Sache des russischen Kommunismus geschehen. Der Prozess gegen den Angeklagten wurde für den 28. Februar festgelegt und sollte im Kriminalgericht von London im bekannten Old Bailey stattfinden.

Die anwesenden Reporter trugen das spektakuläre Ereignis in die Welt. Auf den Titelseiten der internationalen Presse erschien der kommunistische Spion, der Hand an den Verlauf des Weltgeschehens gelegt hatte, in großformatigen Bildern. Klaus Fuchs war in diesen Tagen einer der berühmtesten Menschen seiner Zeit und eine Herausforderung für Freunde und Gegner.

Der für die Öffentlichkeit freie Prozess am 28. Februar dauerte, gemessen an der Schwere der Anklage, nur kurze eineinhalb Stunden. Achtzig Journalisten verfolgten die Verhandlung, darunter auch ein Vertreter der russischen Nachrichtenagentur TASS. Das Gericht wurde durch die obersten Ebenen vertreten. An der Seite von Lord Chefrichter Goddard saß der militärische Chefankläger General Hartley Shawcross. Klaus Fuchs war wieder aus dem Gefängnis zum Old Bailey überführt worden. Dort angekommen, hatte man ihn über einen Treppenaufgang in einen Aufenthaltsraum eskortiert, wo schon sein Anwalt Derek Curtis-Bennet wartete. Ihm ging der Ruf voraus, ein energischer Verteidiger und ein Mann für berühmte Freisprüche zu sein. Auf seine Frage, mit welcher Strafe er rechne, erwiderte Fuchs: »Die Todesstrafe.« Curtis-Bennet konnte ihn beruhigen und ihm sagen, dass er wohl zu 14 Jahren Gefängnis verurteilt würde. Nachdem der Staatsanwalt seine Anklage vorgebracht hatte, begann Curtis-Bennett mit der Verteidigung von Fuchs. In seinem Statement wurden klare Argumente genannt, die er als strafmindernd beachtet wissen wollte. Die Tatsache, dass die Sowjetunion während des Krieges zu den Verbündeten Englands gehört hatte, als Fuchs begann, Informationen zu übergeben, dürfte das wichtigste Argument gewesen sein. Wichtig war aber auch, dass er nie ein Geheimnis aus seiner kommunistischen Überzeugung gemacht hatte und dass gerade diese Überzeugung ihn während des Krieges in den Augen der Briten als besonders zuverlässigen Anti-Nazi hatte erscheinen lassen. Und schließlich sollte nicht vergessen werden: Fuchs kam nach England, um zu lernen und später an der Errichtung eines kommunistischen Deutschlands mithelfen zu können – nicht um die Atombombe zu bauen. Das Verfahren war zu Ende. Danach gefragt, bekannte sich Klaus Fuchs sofort schuldig. Lordrichter Goddard hob in seiner Urteilsbegründung den irreparablen Schaden für England und Amerika hervor, den der Angeklagte mit seiner

Atomspionage angerichtet hätte. Sein Vergehen unterschied sich nur hauchdünn vom Hochverrat, auf den die Todesstrafe stand. Er wurde wegen Geheimnisverrats zu 14 Jahren Gefängnis verurteilt.

Das Urteil werden Rudolf und Genia Peierls bis zu einem gewissen Grad erleichtert aufgenommen haben, doch die Causa Fuchs hatte sich damit für sie noch längst nicht erledigt. Eine Woche nach der Anhörung hatte Rudolf Peierls in einem Brief an Hans Bethe, seinen alten Kollegen aus den Tagen von Los Alamos, noch von den Rätseln berichtet, die mit Fuchs' Offenbarung einhergegangen waren. Die einzigen Beweise, die vorgelegen hätten, wären seine eigenen Aussagen gewesen. Sie schlossen nicht aus, dass die ganze Geschichte nur Fuchs' Phantasie entsprungen oder jedenfalls von einem »sehr seltsamen Geisteszustand« aufgerollt gewesen sein könnte. Das waren bizarre Spekulationen, die die Sache kaum wirklich zu erhellen halfen, wohl aber die tiefe Verstörung des Briefschreibers zeigten. Auch Peierls hatte in seinem Brief an Bethe den großen Schaden erwähnt, der jetzt für die Wissenschaftler in Amerika und England und für die politische Atmosphäre zu erwarten sei. Und diese Entwicklung brach sich nach dem Urteil nun Bahn.

Noch vor der Enttarnung hatten sich Max Born und Klaus Fuchs nach einer langen Pause wiedergesehen. Born war damals auf Einladung von Sir John Cockcroft nach Harwell gekommen und hatte bei diesem Besuch natürlich auch seinen ehemaligen Assistenten sehen wollen. Beide überkam eine riesengroße Freude bei diesem Wiedersehen. Born hatte nach seinem Eindruck Fuchs nicht zufrieden vorgefunden. Er könne bei der Suche nach einer Universitätsanstellung helfen, hatte Born angeboten, aber Fuchs hatte abgewunken und gemeint, es wäre zu spät. Dieses »zu spät« kam Born wieder in den Sinn, als er von der Atomspionage erfuhr.

Noch immer erinnerte er sich gern an die Zusammenarbeit mit Fuchs. Er arbeitete nach wie vor in Edinburgh, aber in drei Jahren sollte sein Vertrag mit der Universität auslaufen. Aus der Zeitung hatte er von dem Fall Fuchs erfahren. Seine Frau Hedi und er waren überzeugt davon, dass dieser begabte Assistent von damals, der ihnen immer liebenswert erschien, aus rein idealistischen Motiven gehandelt hatte und dass es ihm als überzeugtem Kommunisten nur darum ging, das Atomwaffenmonopol Amerikas nicht zuzulassen. Das Schicksal von Fuchs berührte den alten Max Born. Er ging auf die 70 zu. Er und seine Frau trugen sich mit dem Gedanken, doch noch einmal den Wohnort zu wechseln und nach Deutschland zurückzukehren. Junge Leute zu fördern, hatte er immer als vornehmste Aufgabe eines Universitätsprofessors angesehen, aber solche Leute wie Fuchs gab es sehr selten. Für Born bildete er die Seele seiner Arbeitsgruppe, mit überragenden Fähigkeiten, fast kam er wieder ins Schwärmen. Ihn hätte schon in Edinburgh eine glänzende wissenschaftliche Zukunft erwartet. Damals hatten sie zusammen eine neue Theorie entwickelt, »Übermechanik« hatten beide sie genannt, auch wenn aus dieser nichts wurde. Aber Fuchs war jung gewesen, in so einem Alter fand man noch ganz neue Wege. Von diesen Versuchen hatte er auch seinem Freund Einstein geschrieben, damit das Haupt der physikalischen Welt drüben in Amerika von dem hoffnungsvollen jungen Mann erfuhr. Das alles lag lange zurück. Born hatte seinem Assistenten dringend abgeraten, zu Rudolf Peierls zu gehen, weil er ahnte, dass dort über die Atombombe geforscht wurde. Dass er es dennoch getan hatte, war der Anfang seines Schicksalswegs – oder auch nicht. Vielleicht hatte ja alles viel früher begonnen, als er dem Pazifismus seines Vaters, dem Pazifismus der Quäker, nicht mehr folgen konnte.

Max Born machte sich in seinen Briefen an Freund Einstein Sorgen über die aktuelle Politik in diesem Jahr 1950. Er erwähnte Churchill, der, wie eine Zeitung berichtete, jüngst wieder behauptet hatte, es sei ein Wunder, dass die riesige Rote Armee trotz der Atombombe Westeuropa noch nicht überrannt hatte. Vielleicht war es kein Wunder, meinte er zu Einstein: »Es sieht mir so aus, als ob die Russen wirklich gar keinen großen Krieg wollen. Ihre Friedensaufrufe sind doch nicht reiner Humbug.«[8] Freund Einstein ging noch einen Schritt weiter und schrieb aus Amerika zurück, »immerhin scheint es mir, dass es die Hiesigen in ihrer äußeren Politik weit schlimmer betreiben als die Russen. Und das blöde Volk lässt sich alles einreden.«[9] Und er fügte noch hinzu, dass eine »Überlegenheit technischer Art« immer nur vorübergehend sei. Die Gedanken dieser beiden alten Männer blieben ungehört, vorerst.

Für das Ehepaar Born nahm die Absicht, sich wieder in Deutschland niederzulassen, immer mehr Gestalt an. Man hatte sich schon in Bad

Pyrmont umgeschaut, das dem Paar wegen der Landschaft und der Nähe zu den Quäkern sehr zusagte. Und im nahen Göttingen an der Universität war Born als Professor willkommen. 1954 siedelte der namhafte Physiker nach Deutschland über. Er gehörte zu den Wenigen mit diesem Format, die aus der Emigration zurückkehrten. Im gleichen Jahr wurde er, längst überfällig, mit dem Nobelpreis für Physik geehrt. Der Würdigung lagen seine wegweisenden Erkenntnisse zur Quantenmechanik zugrunde, die er in den 1920er-Jahren in Göttingen gefunden hatte.

Die kurze Geschichte der Atombombe hatte den Menschen beigebracht, dass Regierungen ihre Völker – und sich gegenseitig – vor vollendete Tatsachen stellen können. Man hatte nichts über eine infernalische Bombe gewusst, bis Hiroshima und Nagasaki ausgelöscht wurden. Eine solche böse Überraschung sollte es nie mehr geben. Man hörte hin und wieder von noch ungeheuereren Möglichkeiten, die der Erfindungsreichtum der Physiker parat hielt. Von einem neuen physikalischen Prinzip wurde erzählt, das eine Waffe mit apokalyptischen Zerstörungskräften erlauben würde. Jetzt allerdings durfte man annehmen, dass genau diese Waffenentwicklung im Sog des Wettrüstens in Amerika und Russland das Ziel wurde. Im Januar 1950 erhielt die Öffentlichkeit Gewissheit, als sie von der Entscheidung Präsident Trumans erfuhr, die Entwicklung der Wasserstoffbombe zu forcieren. Man müsse mit Blick auf den russischen Atomtest vom vergangenen Jahr von der Fähigkeit der Sowjetunion ausgehen, eine solche Bombe bauen zu können. Diese Entscheidung beruhte auch auf Befunden des FBI, das noch im Herbst das Spionageleck in Los Alamos eingekreist hatte und zu der Einsicht gelangt war, dass die Theoretiker der britischen Gruppe, also auch Fuchs, in die Pläne für die »Super« eingebunden gewesen waren. Die möglichen Konsequenzen daraus wurden richtig bewertet. Fuchs hatte im März 1948, als er sich schon wieder in England befand, umfangreiches Material über die Wasserstoffbombe einem Agenten aus Moskau übergeben. Darunter befand sich auch sein Patent, das er zusammen mit von Neumann entwickelt hatte. Einen Monat später hatte man dieses Material sogar Stalin, Molotow und Beria vorgelegt.

Die Entscheidung Trumans blieb nicht unwidersprochen. Robert Oppenheimer, Hans Bethe, der einstige Leiter der Theoretischen Abteilung von Los Alamos, und andere führende Atomwissenschaftler gingen auf Distanz. Letzterer führte die Bewegung an und forderte von der Regierung eine verbindliche Erklärung, die neue Waffe niemals zuerst einzusetzen. In der Zeitschrift »Scientific American« wurde der autoritäre Stil Trumans kritisiert und die ganze Geheimhaltungspolitik für bankrott erklärt. Wirkliche Sicherheit gäbe es nur durch eine internationale Kontrolle der Atomwaffen. Die Stimmen der Gegner wurden gehört, aber sie drangen nicht bis zur Mehrheit der Bevölkerung vor. Befürworter wie Edward Teller, der die »Super« für die Verteidigung gegen Russland für unverzichtbar hielt, prägten das Meinungsbild mit. Als Hans Bethe im April sein einstiges Waffenlabor in Los Alamos besuchte, stellte er eine gewisse Feindseligkeit der Mitarbeiter gegenüber ablehnenden Stimmen zur »Super« fest und musste erstaunt beobachten, wie eifrig an der Bombenentwicklung gearbeitet wurde.

Fast zur gleichen Zeit im Frühjahr begab sich eine Gruppe Physiker unter der Leitung des Akademiemitglieds Igor Tamm in das Zentrum der russischen Kernwaffenentwicklung bei Sarow. Ihre Mitglieder wussten von der Entscheidung Trumans. Hier sollten mit aller Kraft die theoretischen und experimentellen Forschungen für den Bau einer Wasserstoffbombe durchgeführt werden. Man fing nicht bei null an, es ging um die Umsetzung eines bestimmten Prinzips, das sich in vielen Vorarbeiten als das Erfolgversprechendste erwiesen hatte. Die Ideen für eine Wasserstoffbombe reichten bis in das Jahr 1946 zurück. Damals hatten vier renommierte russische Physiker das Funktionsprinzip in einem Bericht zum ersten Mal vorgestellt. Als Kurtschatow aus den Geheiminformationen von Fuchs erkannte, dass sich die Physiker in Los Alamos auch mit der Wasserstoffbombe befassten, beauftragte er eine Gruppe Theoretiker, der Idee nachzugehen. Dabei stellte sich ihre Umsetzung als höchst anspruchsvoll heraus: durch die Fusion von Wasserstoffisotopen die kosmische Energie waffentauglich zu machen. Ab Sommer 1948 ließ Kurtschatow zwei Gruppen an jeweils verschiedenen Konzepten arbeiten. In der Gruppe von Igor Tamm, die das wohl bessere Prinzip verfolgte, befand sich auch der junge Andrej Sacharow.

Mit dem Umzug nach Sarow war die Entscheidung, welches Konzept umgesetzt werden sollte, gefallen. Die Arbeiten an der Superbombe wurden mit höchstem Einsatz und Tempo in Angriff genommen. Die Physiker arbeiteten äußerst motiviert. Die Forschung bestimmte ihr Leben. Man unterhielt sich bei Wanderungen in den nahen Wäldern über das noch immer bedrückende atomare Ungleichgewicht und den Beitrag, den sie jetzt leisten mussten, um einen Dritten Weltkrieg zu verhindern. Im November 1952 zündete im Pazifik die erste amerikanische Wasserstoffbombe, das war die erste Kernfusion auf der Erde. Sie hatte eine Sprengkraft von drei Megatonnen TNT. Die Konstruktion, die auf dem Eniwetok-Atoll als Bombe aufgebaut wurde, wog 62 Tonnen und konnte damit nicht als Waffe eingesetzt werden. Zehn Monate später zündete die Sowjetunion ihre erste Wasserstoffbombe, ihre Sprengkraft betrug nur ein Siebtel der amerikanischen, aber doch noch das 20-Fache der Bomben von Hiroshima und Nagasaki. Sie konnte mit einem Flugzeug transportiert werden. Jahrzehnte später, im Jahr 1996, bestätigte einer der Köpfe der damaligen theoretischen Abteilung in Sarow, der Physiker German Gontscharow, dass das Material von Fuchs von »größter Bedeutung« für die Entwicklung der »Super« gewesen sei.

Die beiden exzellenten Physiker Weizsäcker und Fuchs wollten das, was ihnen in einer Diktatur von Übel erschien, nicht hinnehmen und verändern. Und beide wollten dies mit Worten tun. Carl Friedrich von Weizsäcker hatte einmal vor, bei Hitler vorzusprechen und ihn mit dem Wissen über die Machbarkeit einer Atombombe zu einer friedlichen Politik zu bewegen. Klaus Fuchs wollte der Sowjetunion Stalins mit seinen Kenntnissen über den Bau der Atom- und Wasserstoffbombe helfen und danach den Genossen sagen, was sich in der Politik ändern müsse. Vielleicht hatte sie der Sinn für das scheinbar Unmögliche, der in der Forschung bisweilen geübt wurde, zu solchem Denken verführt. Vielleicht hatten Erfolg und das Ansehen, das ihnen entgegenschlug, zu viel Eitelkeit wuchern lassen. Aber das allein reicht noch nicht für eine Erklärung. Solches Tun setzte zuerst voraus, dass man sich einer Verklärung der diktatorischen Macht hingegeben hatte. Erst von hier aus konnte man den Glauben hegen, Worte über den rechten Weg fänden Gehör.

Nach dem Prozess hatte man Klaus Fuchs in das Gefängnis von Wakefield überstellt. Der Ort lag rund 200 Meilen von London entfernt. Sein Fall war inzwischen aus den Schlagzeilen wieder verschwunden und hatte anderen Themen Platz gemacht. Es stimmte, was Fuchs bei seiner Verhaftung einem Vernehmer erregt zugerufen hatte: Ob er denn eigentlich realisiere, was das für Harwell bedeuten würde.

Besuche im Gefängnis gab es selten. Der Sicherheitschef von Harwell, Henry Arnold, mit dem Fuchs einmal ein freundschaftliches Verhältnis gepflegt hatte, ließ sich hin und wieder blicken und half bei der Auflösung seiner zivilen Hinterlassenschaft. Dann besuchte ihn sogar der Kopf des britischen Waffenprojekts, Sir William Penney. Fuchs war immer noch wichtig für die Forschung. Einmal hatte Penney im Zusammenhang mit einer notwendigen Verbesserung der Plutoniumproduktion fast schon verzweifelt zu Protokoll gegeben, er würde nur vier Leute in diesem Land kennen, die das Wissen und die Fähigkeit hätten, in drei oder vier Jahren eine solche Verbesserung zu erreichen. »Einer bin ich, zwei sind an der Universität und einer sitzt jetzt im Gefängnis.« Penneys Besuch betraf, das darf vermutet werden, fachliche Themen. Es gab Stimmen, die nach dem Sinn der Strafe für Fuchs fragten, weil doch jeder erkennen könne, wem mehr geschadet würde, wenn so ein wissenschaftlicher Geist im Gefängnis »verrottet«. Aber das Gesetz stand höher, die Haft sollte für viele Jahre den Alltag von Fuchs bestimmen. Der prominente Häftling konnte sich in die Lektüre von Journalen vertiefen, die Zeitung lesen und erhielt Briefe. In einem von seinem Vater, der ihn im Februar 1951 erreichte, wurde ihm mitgeteilt, dass in Ostberlin sein älterer Bruder Gerhard seiner schweren Tuberkuloseerkrankung erlegen war. Und bei dieser schrecklichen Nachricht blieb es nicht im Gefängnis von Wakefield. Zwei Jahre nach seinem Prozess erfuhr Fuchs, dass er die britische Staatsbürgerschaft verlieren würde. Sein bereitwilliger fachlicher Austausch mit William Penney, der im Grunde den britischen Sicherheitsinteressen diente und ihn auf anderes hatte hoffen lassen, änderte daran nichts.

Natürlich, man konnte den Austausch nach allem, was geschehen war, einfach nur als Geste guten Willens verbuchen. Dennoch fühlte sich Fuchs vom Verlust der Staatsbürgerschaft tief getroffen.

In die Gesellschaft zu wirken, sollte nach dem furchtbaren Krieg für Carl Friedrich von Weizsäcker die wichtigste Aufgabe werden. Das fing im begrenzten Rahmen schon an der Universität in Göttingen an, mit Vorlesungen und Themen, die junge Leute bilden sollten. Einige von ihnen waren noch von ihren Kriegserfahrungen an der Front gezeichnet, von ihren Träumen im Schützengraben bewegt, als sie sich, weit weg, vorzustellen wagten, irgendwann einmal studieren zu können. Nun saßen sie in den Hörsälen. Weizsäckers Kreise erweiterten sich von Jahr zu Jahr. Arbeitsaufenthalte in den USA fanden, anders als bei Heisenberg, mit dem er in Göttingen noch immer zusammenarbeitete, in geplanter Regelmäßigkeit statt. 1952 wurde er für zwei Monate an die Harvard University eingeladen und gestattete sich in Amerika eine Affäre mit einer jungen deutschen Ärztin, aus der ein Kind hervorging.

Die ersten Tests einer Wasserstoffbombe durch die USA und die Sowjetunion waren das Fanal eines ungebremsten Wettrüstens, bei dem nun immer neue Konzepte für die Superbombe und eine immer stärkere Sprengkraft zur Beeindruckung des Gegners ausprobiert wurden. Weizsäcker wusste, was es bedeutete, wenn vom Fusionsfeuer der Sonne erzählt wurde, das man zu Vernichtungszwecken auf die Erde geholt hatte. In den 1930er-Jahren hatte er zusammen mit Hans Bethe und Fritz Houtermans diese Sonnenfeuer zum ersten Mal erklärt. Zu Hause und auf seinen Reisen traf er auf Sorgen und Ängste, die ihn selbst auch umtrieben. Er stand im 40. Lebensjahr und ihm schwebte jetzt Genaueres für sein zukünftiges Wirken vor. Es müsse der Kriegsverhinderung dienen und begehbare Wege zum Frieden aufzeigen. In der Bonner Republik des aufkommenden Wirtschaftswunders fanden liberale Gesinnungen keine uneingeschränkte Zustimmung. Der braune Geist von damals wehte noch immer durch das Land. Aber der Name der Familie Weizsäcker hatte Gewicht, mit diesem könnten Botschaften besser durchdringen. Die Vergangenheit hatte allerdings Spuren hinterlassen.

Der Prozess gegen den Vater und seine Verurteilung wirkten nach. Es wird also auch darauf ankommen, dieses Gewicht zu schützen und zu mehren. Für sein ambitioniertes Anliegen stand Weizsäcker jetzt vor der Aufgabe, Verbindungen zu Kollegen anderer Länder auszubauen und zu pflegen, zu politischen Entscheidern und, wenn es die Möglichkeit gab, zu den Vertretern der Kirchen. Er baute sich ein Netzwerk auf, wie es einflussreiche Köpfe dieser Welt benötigen.

Mitte der 1950er-Jahre war die Zeit reif geworden für eine entschiedene Einmischung der Wissenschaftler, allen voran der Atomwissenschaftler, in das überbordende nukleare Wettrüsten. Nicht nur die warnenden, apokalyptischen Bilder von den Tests mit thermonuklearen Waffen – wie die Wasserstoffbomben auch hießen – gingen durch die Welt und bewegten die Menschen. Durch diese Tests hatte sich ein radioaktiver Niederschlag über den Globus verbreitet, der die Gesundheit der Menschen bedrohte.

Das alte Hospital von Princeton im US-Staat New Jersey an der Witherspoon Street, Ecke Franklin Avenue, liegt etwa zwei Meilen vom intellektuellen Wahrzeichen der Stadt, dem berühmten Institute for Advanced Study, entfernt. Hier befindet sich seit vielen Jahren der Arbeitsplatz von Albert Einstein, der mit seinem Namen herausragende Wissenschaftler aus aller Welt auf dem Feld der Naturwissenschaften und der Mathematik an diese Hochburg des Geistes geholt hat. Am 15. April 1955 wird der 76-Jährige mit großen Schmerzen in das Princeton Hospital eingeliefert. Er hat seit Jahren mit dem Befund eines Aneurysmas der Bauchschlagader gelebt. An diesem Tag ist es gerissen und hat innere Blutungen verursacht. Ihm bleiben noch drei Tage. Kurz vor seinem Zusammenbruch hat er sich noch mit einem etwa zwei Seiten langen Text beschäftigt, den ihm der britische Philosoph Lord Bertrand Russell mit der Bitte um seine Unterschrift gerade übermittelt hatte. Er beginnt mit einem Aufruf an alle Wissenschaftler, sich zur Aussprache über die Gefahren der neuen Massenvernichtungswaffen zusammenzufinden. Er endet mit dem Appell an alle Regierungen in der Welt, in Ost und West, »einzusehen und öffentlich einzugestehen, dass ein Weltkrieg ihrer Politik und ihrem Streben niemals dienlich sein kann«, und er fordert sie auf, nach Wegen zu suchen, auf denen Streitfragen zwischen ihnen mit friedlichen Mitteln gelöst werden können.

Einstein unterschrieb und fügte für Bertrand Russell noch an: »Ich bin nur zu gerne bereit, dieses Dokument zu unterzeichnen.« Am Ende standen als Erstunterzeichner die Namen von neun Nobelpreisträgern darunter. Am 9. Juli 1955 ging es um die Welt und erhielt den Namen Russell-Einstein-Manifest. In seinem eindringlichen Appell sah die Öffentlichkeit das Vermächtnis des eben verstorbenen großen Physikers.

Einige Monate schon lebte der frisch gekürte Nobelpreisträger Max Born zusammen mit seiner Frau in Bad Pyrmont, aber ihm lag nichts ferner, als sich hier in idyllischer Umgebung zurückzuziehen. Er hatte Verbindungen zu alten Kollegen geknüpft. Alles schien dem Ehepaar zu bestätigen, dass der Schritt zurück nach Deutschland richtig war. Für diesen Schritt hatte er sich heftige Kritik von Freund Einstein eingehandelt, der beharrlich vom »Land der Massenmörder« sprach. Born wusste, dass in England und Amerika eine breite Bewegung von Wissenschaftlern eingesetzt hatte, die die Öffentlichkeit vor den Gefahren der Atomwaffen zu warnen versuchte. In Deutschland blieben die Interessen eher auf die Kernenergienutzung gerichtet, wenn vom Atom gesprochen wurde. Irgendwelche Weiterungen hatten die Alliierten verboten. Als er im Februar 1955 Otto Hahn von seinen Sorgen schrieb und anregte, nicht untätig dem gefährlichen Wettrüsten zuzusehen, traf er auf offene Ohren. Jetzt überlegte man, wie sich ein Aufruf der Wissenschaftler der Öffentlichkeit möglichst wirksam nahebringen ließe. Der Blick fiel auf die Lindauer Tagung der Nobelpreisträger, die seit 1951 jedes Jahr im Sommer stattfand. Max Born verfasste einen ersten Entwurf. Inzwischen hatte man auch Werner Heisenberg und Carl Friedrich von Weizsäcker in das Vorhaben einbezogen. Letzterer kümmerte sich um die Endfassung des Aufrufs, Hahn und Born nutzten ihre Verbindungen für ausländische Unterstützer.

Am 15. Juli 1955 fuhren 18 Nobelpreisträger mit einem von der Stadt gecharterten Schiff über den Bodensee von Lindau zur nahen Insel Mainau. Diese Fahrt hatte schon Tradition und fand immer zum Abschluss der Treffen statt. Graf Lennart Bernadotte, Mitglied des schwedischen Königshauses und Eigentümer der grünen Insel, empfing die Ankommenden. Er gehörte zu den Initiatoren der Treffen und unterstützte sie nach besten Kräften, mit guten Kontakten zur Nobelstiftung in Stockholm. Auf Mainau, die nun schon einige Jahre die Blumeninsel genannt wurde, gab es eine Orchideenschau, eine Fuchsiensammlung und noch viel mehr, was das Auge erfreute und das Wort beflügeln konnte. Bernadotte wurde nun die vornehme Aufgabe zuteil, die »Mainauer Kundgebung« vor der Presse zu verlesen. Sie endete mit dem beschwörenden Aufruf an die Nationen, »freiwillig auf die Gewalt als letztes Mittel der Politik zu verzichten«.

Die Initiatoren hatten sich mehr öffentliche Resonanz erhofft. Eine Woche vorher war das Russell-Einstein-Manifest um die Welt gegangen. Der Name Einstein hatte sehr viel Aufmerksamkeit gebunden. Otto Hahn wollte es in einer so wichtigen Angelegenheit nicht bei den 18 Unterschriften bewenden lassen. So nutzte er das kommende Jahr, um weitere Zusagen einzuholen. Seine Reputation im Ausland hatte seit der Verleihung des Nobelpreises ständig zugenommen. Sie beruhte keineswegs nur auf der Entdeckung der Uranspaltung, für die man seine Verdienste allgemein anerkannt hatte. In den schwierigen Nachkriegsjahren stand der Deutsche Otto Hahn für eine Persönlichkeit, die sich einer Umklammerung der Nazis widersetzt hatte, auch ohne das Äußerste gewagt zu haben. Seine Betroffenheit über das, was mit der Atombombe geschah, fand allgemein große Beachtung. Als Präsident der neuen Max-Planck-Gesellschaft nährte er die Zuversicht, an die guten Traditionen deutscher Wissenschaft anknüpfen zu können. Seine eherne patriotische Gesinnung setzte ihm allerdings auch Grenzen. Als seine Unterschrift für das Russell-Einstein-Manifest erbeten wurde, reagierte er wegen der für ihn linken Tendenzen im Text ablehnend. Kommunisten und Antikommunisten wurden in ihm gleichermaßen in Haftung genommen, Streitfragen nicht durch Kriege zu lösen. Nur der Pazifist Max Born, Einsteins alter Freund, hatte das Manifest als einziger deutscher Nobelpreisträger unterschrieben. Unter der Mainauer Erklärung standen im Sommer 1956 schließlich 51 Unterschriften naturwissenschaftlicher Nobelpreisträger.

Im gleichen Jahr erschien im deutschsprachigen Raum unter dem Titel »Heller als tausend Sonnen« ein Buch, das eine ungewöhnlich hohe Resonanz erfuhr. Autor war Robert Jungk, ein 43 Jahre alter jüdischer Publizist und Journalist, in Berlin geboren, der das Dritte Reich als Emigrant vorwiegend in der Schweiz überdauert hatte. Nach dem Krieg lebte er einige Jahre in den USA und schrieb von dort als Korrespondent Beiträge für schweizerische und deutsche Blätter. Das Thema, das das Buch so interessant machte, betraf die Nuklearwaffen. Seit gut zehn Jahren wurde dieses Thema in der Öffentlichkeit mit wachsender Sorge betrachtet und es sah nicht danach aus, als würde es jemals verschwinden. Immer neue Meldungen tauchten auf über Kernwaffenentwicklungen, aber auch über die Anstrengungen, diesen Prozess zu zähmen. Es fehlte ein Buch, das dem Leser einmal anschaulich und ausführlich erzählte, wie diese verhängnisvolle Entwicklung im Einzelnen verlaufen war. Mit seinem Bericht über das »Schicksal der Atomforscher« konnte Jungk diese Lücke schließen: Der Autor erzählte von den ersten Erkenntnissen über den Bau des Atoms, vom Waffenlabor in Los Alamos und der öffentlichen Vernichtung Robert Oppenheimers in einem spektakulären Prozess gegen ihn im April 1954, den sein erzkonservativer politischer Widersacher Lewis Strauss angezettelt hatte. Jungk hatte bei seinen Recherchen den Kontakt mit einigen Physikern gesucht, und auf diese Weise flossen die Erinnerungen und Deutungen von Heisenberg und Weizsäcker mit in die Darstellungen ein. Er scheute sich auch nicht, dem kommunistischen Atomspion Klaus Fuchs gebührenden Raum zu geben. Dazu hatte er in Leipzig den Vater über das Schicksal seines Sohnes befragt. Zum ersten Mal tauchten in einem Buch die Geschichten von Klaus Fuchs und Carl Friedrich von Weizsäcker gemeinsam auf. Jungk erhob nicht den Anspruch, ein geschichtswissenschaftliches Werk vorgelegt zu haben, seine Ausschmückungen folgten oft der von einer breiten Leserschaft vermeintlich bevorzugten Darstellung. Als bemerkenswert und auch folgenreich erwies sich das empathische Verständnis, das den deutschen Atomphysikern entgegengebracht wurde. Heisenberg, Weizsäcker und anderen wurden schwere Gewissenskonflikte zugestanden, die sie sich mit ihrer Hinhaltetaktik eingehandelt hätten, den Weg zur Atombombe gegenüber den Nazis eben nicht forciert und eigentlich sogar verhindert zu haben. Auch dass aus dieser bewundernswürdigen Haltung nach Kriegsende kein Kapital geschlagen wurde, müsse anerkannt werden. Das verhängnisvolle Kopenhagener Treffen zwischen Heisenberg und Bohr im Jahr 1941 wurde ebenfalls im Lichte der Deutungen beschrieben, die Jungk vorlagen. Ein Brief von Heisenberg, den man am Ende des Buches nachlesen konnte, setzte den Autor über die komplizierten Details in Kenntnis. Heisenberg hätte demnach gegenüber Bohr wohl von der Machbarkeit einer Atombombe berichtet, aber auch von der moralischen Fragwürdigkeit einer solchen Waffenentwicklung. Dieser moralische Aspekt hätte Bohr allerdings gar nicht mehr erreicht, weil ihn die Botschaft über die Atombombe zu sehr überrascht und tief beunruhigt hätte. Jungks Darstellung, die auch bis zu Bohr drang, sollte über Jahrzehnte andauernde Kontroversen auslösen.

Doch sein Buch wurde ein Bestseller. Weizsäcker nahm die Darstellungen der Ereignisse und seines eigenen Handelns, von dem nun ein Millionenpublikum erfuhr, wohlwollend zur Kenntnis. Er und der Autor standen im Briefwechsel, hatten sich zu Gesprächen getroffen. Es wurde freundlich Kritik geübt, die ungerechte Darstellung von Edward Teller als Waffenlobbyist und Gegner von Oppenheimer missfiel. Auch andere Wissenschaftler aus dem Kreis der Eingeweihten lasen das Buch, ihr Urteil fiel allerdings sehr viel weniger günstig aus. Max von Laue, einer der Farm Hall-Gäste, entdeckte zu viele Fehler. Vor allen Dingen störte er sich an der Darstellung, die deutschen Physiker hätten die Atombombe nicht wirklich gewollt. Paul Rosbaud, der während des Dritten Reiches als Redakteur der Zeitschrift »Naturwissenschaften« zu den genauen Kennern des Uranvereins gehörte und Verbindungen zum britischen Geheimdienst hatte, legte das Buch fassungslos aus der Hand, als er vom passiven Widerstand gegen die Nazis las. Man blieb aber mit diesen Einwänden unter sich, sodass das Jungk'sche Opus ungehemmt die deutschsprachige Leserschaft erobern konnte.

Ein Jahr später erschien das Buch auch in Dänemark. Niels Bohr las es und war völlig verwirrt über die Sicht Heisenbergs zu ihrem Treffen von 1941. Er wird sich dabei auch an dessen späteren Besuch bei ihm zwei Jahre nach dem Krieg erinnert haben. Ein britischer Offizier hatte es Heisenberg damals ermöglicht, mit dem Flugzeug zu Bohr nach Kopenhagen zu reisen. Einen ganzen Abend lang war über die Geschichte von 1941 gesprochen worden, aber jetzt musste Bohr feststellen, dass sie beide damals offenbar doch nicht die unterschiedlichen Wahrnehmungen beim 1941er-Treffen über die Forschungen im deutschen Uranverein aufgelöst hatten. Er wollte Heisenberg schreiben – und dieses Anliegen wurde zu einer eigenen Geschichte. Erst diktierte Bohr seinem Assistenten eine Richtigstellung, sie wurde nicht abgeschickt. Dann vergingen vier Jahre. Zum 60. Geburtstag von Heisenberg diktierte er seiner Frau Margrethe einen Glückwunschbrief, worin er von einem Besuch des Jubilars schrieb, den er erwartete und bei dem man dann über den anderen Besuch von 1941 sprechen könnte. Auch dieses Schreiben wurde nicht abgeschickt. Aber er hatte einen Beitrag für die Festschrift zu Heisenbergs Geburtstag gesandt. Der Jubilar bedankte sich freundlich und Bohr wollte antworten. »In meinem Alter ist es nur natürlich, dass ich mich immer öfter in Gedanken in das große Abenteuer vertiefe, das wir erlebten«, schrieb er. Wieder blieb der Brief auf dem Schreibtisch liegen. Und schließlich noch ein Entwurf mit der Handschrift seiner Frau und Korrekturen des Sohnes Aage Bohr. Und auch dieser fand nicht seinen Weg. Über Jahre also hatte Bohr, und wohl auch seine Familie, die Sache mit Heisenberg umgetrieben. Dieses Zögern konnte man kaum als Folge unsicherer Erinnerungen erklären – als sei jeder Satz vom Schreiber selbst mit heimlichen Fragezeichen versehen worden, bis schließlich Resignation die Oberhand gewann. Das Gegenteil war der Fall: Die in den Entwürfen erwähnten Details ließen so ein Defizit nicht erkennen. Es dürfte wohl eher an der Frage gescheitert sein, ob eine späte Auseinandersetzung jenseits einer wahrheitsaffinen Gegenrede überhaupt noch Sinn machte und es überhaupt noch möglich war, zu einer Verständigung zu kommen. Jeder war durch die Kriegsjahre ein anderer geworden, ein anderer als der, mit dem man einmal in einer glücklichen Zeit »das große Abenteuer erlebte«. Es waren wohl eher solche Gedanken, die Bohr zögern ließen.

Die Mainauer Erklärung brachte unter den namhaften deutschen Wissenschaftlern etwas in Bewegung, ihr Blick auf die Kernwaffenrüstung wurde genauer. Als sich Presseberichte mehrten, die Regierung würde erwägen, die Bundeswehr mit Atomwaffen auszurüsten, schrieb ein Kreis besorgter Physiker einen Brief an Verteidigungsminister Franz Josef Strauß. Man traf sich mit dem Minister, und Strauß konnte die Wissenschaftler damals dazu bewegen, mit ihren Sorgen nicht an die Öffentlichkeit zu gehen. Das änderte sich schlagartig, als Konrad Adenauer Anfang April 1957 über eine Atombewaffnung der Bundeswehr schwadronierte und in diesem Zusammenhang die sogenannten taktischen Atomwaffen verharmloste, indem er sie normaler Artilleriemunition gleichsetzte. Diese Rede sollte offenbar der Bundesrepublik, die seit zwei Jahren der NATO angehörte, eine angemessene Stellung im Bündnis verschaffen. Nun musste man reagieren. Weizsäcker stimmte sich mit Hahn, Heisenberg und Walther Gerlach ab und übernahm den Entwurf einer Erklärung. Otto Hahn nahm wieder Verbindung zu möglichen Unterzeichnern auf und holte ihr Einverständnis ein. Am 12. April 1957 wurde ein Text aus seinem Büro an die Presse geschickt – die berühmte »Göttinger Erklärung«. Sie trug die Unterschrift von 18 Erstunterzeichnern, die der Bundesregierung eine Grenze aufzeigen wollten. Allein sechs gehörten noch zu den »Gästen« von Farm Hall, also zum engeren Kreis des Uranvereins im Dritten Reich. Man forderte, auf eine Atombewaffnung der Bundeswehr zu verzichten, erklärte nachdrücklich, dass man sich weder an der Herstellung noch an der Erprobung von Atomwaffen beteiligen würde, hielt aber Forschungen zur friedlichen Nutzung der Kernenergie für erforderlich. In mahnenden Worten wurde an die Politik appelliert, dass der Weltfrieden am ehesten gefördert und die Bundesrepublik am besten geschützt werden würde, wenn sie als kleines Land freiwillig auf den Besitz »von Atomwaffen jeder Art« verzichte.

Die Erklärung fand breite Resonanz. Im Ausland wurde zustimmend vermerkt, dass deutsche Physiker, die einmal verdächtigt wurden, eine Atombombe für Hitler zu bauen, sich jetzt eindeutig geäußert hatten. Adenauer berichtete an Bundespräsident Theodor Heuss fünf Tage nach der Veröffentlichung, dass der Aufstand der Atomwissenschaftler innen- und außenpolitisch sehr unangenehm gewesen sei, aber die Sache in einer langen Aussprache bereinigt werden konnte. Das bezog sich auf die Unterzeichner der Göttinger Erklärung, doch für die Bundesrepublik und ihre Bürger wurde sie zur Initialzündung einer Bewegung gegen die Atomrüstung.

Der öffentliche Widerhall blieb – genauer betrachtet – noch begrenzt. Im Wahlkampf für die Bundestagswahl im September 1957 setzte die SPD ganz auf das Nein zur Atomrüstung. Konrad Adenauer rief dagegen »keine Experimente« und warnte vor dem »Sowjetimperialismus«. Das überzeugte die Mehrheit der Bundesbürger in den Jahren wachsenden Wohlstandes, die CDU bekam fünf Prozent obendrauf und erreichte die absolute Mehrheit.

Allgemein wurde Weizsäcker als Initiator der Göttinger Erklärung genannt. Mit einem Schlag wurde ihm die ersehnte Bekanntheit zuteil. Der Anfang seines zweiten Lebens als selbstbestimmter Anwalt und Ideengeber der Friedenssicherung war gemacht. Die physikalische Forschung gab er auf und folgte einem Ruf der Universität Hamburg, wo er in das für seine Gedankenfülle besser geeignete Fach Philosophie wechselte.

Zwei Jahre vergingen, bevor der Aufruf aus dem Russell-Einstein-Manifest an die internationale Wissenschaftlergemeinde umgesetzt wurde. Man solle »sich zusammenfinden« hatte es da geheißen. Nun tat man es zum ersten Mal in Pugwash, einem unscheinbaren kanadischen Fischerdorf. Dieser kleine Ort an der Ostküste war dem Banker Cyrus Eaton ans Herz gewachsen. Hier wurde er geboren und er hatte später als reicher Mann viel dafür getan, ihn schöner zu machen. Nun hatte er zusammen mit Bertrand Russell die Einladungen ausgesprochen und die Kosten des Treffens übernommen. Zweiundzwanzig Teilnehmer aus zehn Ländern reisten im Juli 1957 an. Das war noch nicht die ganz große Bühne – aber immerhin begannen hier die »Pugwash Conferences on Science and World Affairs«, einer Initiative, die sich bald zu einer bedeutenden Bewegung entwickeln sollte. Zu ihrem ständigen Sekretär bestellte man Joseph Rotblat – eben jenen Physiker Rotblat, der sich in Los Alamos so entsetzt über die Äußerung General Groves gezeigt hatte, die Atombombe sei doch eigentlich gegen die Russen gerichtet. Dieser Anfang in Pugwash sollte in jährliche Treffen münden, wobei jedes Jahr ein anderes Land als Gastgeber einladen sollte. Ein solcher Modus unterstützte das Anliegen, den Kampf gegen die atomare Bedrohung wirksam in die Welt zu tragen.

Auch Carl Friedrich von Weizsäcker hatte als Sprecher der »Göttinger Achtzehn«, als der er jetzt handeln konnte, eine Einladung nach Pugwash erhalten. Ein ganzes Bündel an Motiven hatte ihn nach Gesprächen mit Werner Heisenberg zunächst dazu bewogen, Abstand zu halten. Das Ende des von Deutschland begonnenen Weltkriegs lag erst zwölf Jahre zurück. Die Rolle der Atomphysiker unter Hitler war im Ausland noch wenig verstanden, und die geplante Zusammenarbeit mit Wissenschaftlern des Ostblocks, die einen Kern von Pugwash bildete, könnte die politische Neutralität der Gruppe, die Weizsäcker repräsentierte, in Verruf bringen. Diese Motivlage hatte sich nach einem Dreivierteljahr kaum geändert, als Weizsäcker an dem zweiten Pugwash-Treffen, das im Frühjahr 1958 noch einmal in Kanada, in Lac-Beauport bei Quebec, stattfand, dann doch teilnahm. Aber inzwischen hatte es einen Austausch mit einigen Repräsentanten von Pugwash gegeben, so mit dem Sekretär Joseph Rotblat, mit Victor Weisskopf und Leó Szilárd, der wohl zu der Einsicht geführt hatte, dass hier etwas begonnen wurde, dem man sich nicht versagen durfte.

Von Beginn an wurden die Berichte der Konferenzen in englischer und russischer Sprache den Regierungen der Großmächte zugeleitet. Die Chefs der amerikanischen und sowjetischen Delegationen bekamen Zugang zu den ersten Männern ihrer Staaten, also in jenen Jahren auch zu Kennedy und Chruschtschow. Für die wachsende Wertschätzung sprach dann auch, dass die Konferenzen bald anerkennende Begrüßungstelegramme von Regierungschefs aus Ost und West erhielten.

Bevor Weizsäcker nach Kanada reiste, traf er in den USA noch mehrere Wissenschaftler und Politiker, allen voran seinen Freund Edward Teller. Die Impulse aus diesen Gesprächen und die Themen, die während der zweiten Pugwash-Konferenz behandelt wurden, führten ihn zu einer differenzierten Auffassung über das Problem der nuklearen Bedrohung. Er hatte die Meinungen einflussreicher Personen gehört, auch mit sowjetischen Teilnehmern während der Konferenz gesprochen. Nun fasste er seine Eindrücke und Überlegungen in einer vierteiligen Artikelserie in der »Zeit« unter dem Titel »Mit der Bombe leben« zusammen.

Er schilderte am Anfang sein Erschrecken über die öffentliche Debatte zur Atomrüstung, die er nach seiner Rückkehr im Land vorfand, und beklagte die emotionsgeladenen Argumente ohne genauere Kenntnis der Gegebenheiten. Darauf wurde dem Leser in einer Art analysierender Feinschrift die Sicht Weizsäckers erläutert. Man lernte, dass das atomare Patt seine Wirkung entfaltet hatte und ein großer Krieg der beiden Mächte jetzt relativ unwahrscheinlich wäre, eine große Abrüstungsinitiative allerdings auch. Sorge bereiteten ihm die kleineren Länder. Falls sie nach Atomwaffen streben sollten, würde daraus ein atomares Chaos folgen, das unbedingt verhindert werden müsse. Verwundert musste der Leser feststellen, dass diese Befürchtung auch auf Frankreich zielte, nachdem England – entgegen dem Willen der USA – mit seiner Atombombe Fakten geschaffen hatte. Weizsäcker folgte hier einer amerikanischen Sichtweise, denn für die Russen, das wurde auch mitgeteilt, war das Streben Frankreichs überhaupt kein Problem. Besonders der letzte Gedanke Weizsäckers erregte bei den Mitunterzeichnern des Göttinger Appells einiges an Aufsehen. Er äußerte die Ansicht, die Unterzeichner hätten geglaubt, dass man sich und den Weltfrieden am besten dadurch schütze, auf Atomwaffen zu verzichten. Damit wäre das Problem der atomaren Bewaffnung kleiner Länder gemeint, einschließlich Deutschlands. Der Geist des Göttinger Appells enthielt aber auch die große Sorge über die globale Bedrohung, die von den strategischen Wasserstoffbomben ausging. Sie konnte durch das aktuell beschworene und doch auch fragile atomare Patt, bei dem die monströsen Atomwaffen in die politische und militärische Normalität verwiesen wurden, keineswegs aufgehoben werden. »Wir halten ... diese Art, den Frieden und die Freiheit zu sichern, auf die Dauer für unzuverlässig, und wir halten die Gefahr im Falle des Versagens für tödlich«, hatten die Unterzeichner damals betont. Diese Bedenken fanden die Kritiker übergangen. Otto Hahn reagierte auf die unabgesprochene Präzisierung sehr irritiert und neigte der Meinung zu, die auch andere vertraten, Weizsäcker sei gegenüber Adenauer umgefallen. Max von Laue und Max Born wollten ihn als Sprecher der Göttinger Gruppe nicht mehr akzeptieren.

Die Tage im Gefängnis von Wakefield gingen für Fuchs inzwischen nach gewohnten Abläufen dahin, was die haftbedingten Routinen erträglicher machte. Gefängnistypische Arbeiten gehörten zum Tagesplan.

Er selbst steuerte für seine Mitgefangenen zu seiner und ihrer Abwechslung populäre Kurse zu mathematischen und physikalischen Themen bei, auch Philosophie kam vor. Außerdem hatte er die Verwaltung der Gefängnisbibliothek übernommen. Eine Zeit lang gelangte der Mithäftling David Hume in seine Nähe, eine schillernde Person. Bankräuber und Mörder soll er gewesen sein. Die Skala der Vergehen, deretwegen Verurteilte einsaßen, wies in Wakefield eine besonders große Bandbreite auf. Fuchs unterhielt sich mit Hume, erzählte ihm von der Wissenschaft und dem Kommunismus. Durch Hume erfuhr er von dem Buch des britischen Journalisten Alan Moorehead »The Traitors«, in dem von drei russischen Spionen berichtet wurde, von denen einer er selbst war. Die Episode dauerte nicht lang, Hume kam dann in das Gefängnis von Dartmoor, aus dem er Anfang Februar 1958 entlassen wurde.

1956 bekam Fuchs zum ersten Mal Besuch von der Familie. Seinem Neffen Klaus, der inzwischen bei seinem Großvater in Leipzig lebte und studierte, gelang eine Reise nach England, für die als Grund ein internationales Workcamp genannt wurde. Daran nahm er auch teil, aber in Wirklichkeit wollte er seinen Onkel besuchen. Nach ein paar ungewissen Tagen erhielt er die Erlaubnis und fuhr per Anhalter nach Wakefield. In einem Besuchsraum irgendwo in dem riesigen Gefängnis fand das Wiedersehen statt. In der Mitte stand ein Tisch, an ihm saßen die beiden, plauderten miteinander und schwiegen, wenn Worte nicht mehr gelangen. Dem 22-Jährigen entgingen nicht die Spuren der langen Haft, die den Onkel gezeichnet hatten. Er hatte als Geschenk ein Radio mitgebracht. Nicht alles, was sie im Herzen bewegte, wurde gesagt.

Klaus Fuchs hatte in Wakefield von den Aufrufen der Wissenschaftler und vom Russell-Einstein-Manifest, das ganz in seinem Sinne war, gelesen. 1957 hörte er von den Vorgängen in Deutschland, bei denen 18 Atomwissenschaftler ihrer Regierung die Stirn geboten hatten. Er kannte ihre Namen und er vermutete, dass sein verehrter Lehrer Max Born dabei eine bedeutende Rolle gespielt hatte, wenngleich Weizsäckers Name viel öfter genannt wurde. Dessen umstrittene Artikelserie in der »Zeit« dürfte er nicht gelesen haben. Aber er glaubte auch so, dass das darin gefeierte atomare Patt einen Krieg der Großmächte unwahrscheinlicher gemacht hatte. Ein kleiner Beitrag dazu kam von ihm. Vielleicht hatte sich der schwere Weg, auf dem die Tat für ihn mehr wog als Worte, wirklich gelohnt. Das dürfte zumindest seine Hoffnung gewesen sein. Sein Verrat hatte in einer historisch besonderen Zeit stattgefunden. Doch die Geschicke des aktuellen Weltgeschehens würden auf solche Weise nicht mehr zu beeinflussen sein.

Im Jahr der Göttinger Erklärung durfte Emil Fuchs endlich seinen Sohn in Wakefield besuchen. Nun zeigte sich das ganze Drama der langen Haft, das erzwungene Abseits von der politischen Welt und die nicht mehr gut zu machende Isolierung von der wissenschaftlichen Spitzenforschung. Klaus Fuchs erwähnte gegenüber seinem Vater, dass seine Aussichten, die ihn in England erwarteten, wenn er als Staatenloser wieder in Freiheit kommen würde, düster wären. Mit Blick auf die DDR waren ihm die unterschiedlichen Bewertungen von West- und Ostemigranten nicht verborgen geblieben. Dennoch meinte der Vater, dass er in diesem neuen Land willkommen sein würde.

Die vorzeitige Freilassung rückte näher. Im Januar 1958 schrieb der britische Daily Express darüber einen Artikel und erwähnte, dass die Behörden eine Ausreise in die DDR verhindern wollten. Nur wenige Tage nach David Humes Entlassung aus Dartmoor erschien im März 1958 im Wochenblatt »Der Spiegel« ein Beitrag, in dem die Fuchs-Story wieder aufgerollt und durch unbedeutende Details aus dem Gefängnisalltag ausgeschmückt wurde. Der krude Beitrag unter dem Titel »Der Weltenrichter« gab aber einen genaueren Zeitraum an, wann mit Fuchs' Freilassung zu rechnen sei. Man schrieb vom Sommer 1959.

Während der Jahre, in denen Fuchs seine Gefängnisstrafe verbüßt hatte, war die Welt eine andere geworden. Wenige Tage, bevor er Wakefield verlassen konnte, erhielt er einen Brief von Rudolf Peierls, datiert vom 15. Juni: »Lieber Klaus, ich sehe aus den Zeitungen, dass Du bald freigelassen wirst. Wenn Du Hilfe beim Start ins Leben benötigst, finanziell oder anderweitig, oder wenn Du Rat benötigst, bitte lass es mich wissen. Ich werde tun, was ich kann. Mit freundlichen Grüßen R. E. Peierls«[10] Das waren die Worte eines Mannes, der sich von Fuchs getäuscht gefühlt hatte. Der Verrat seines einstigen Freundes hatte ihn schwer getroffen und dennoch achtete er dessen ideelle Motive, wenn auch mit Unverständnis. Peierls und seine Frau Genia hatten schwierige Jahre hinter sich. Beide waren diesseits und jenseits des Ozeans unter dauernder Beobachtung und in das Schussfeld der von McCarthy forcierten antikommunistischen Hexenjagd geraten. Manches von dem, was hinter den Kulissen ablief, erreichte das Ehepaar nicht, aber der allgemeine Verdacht der Regierungsstellen in den USA und auch in England bereitete ihnen immer wieder Probleme. Auch die Presse tat das ihre, um das Thema Kommunistenhetze nicht ruhen zu lassen. Gleich nach seiner Rückkehr aus Los Alamos hatte Peierls begonnen, sich in der britischen Atomwissenschaftlerbewegung, der »Atomic Scientist's Association« (ASA) zu engagieren, um für das hohe Gut eines freien internationalen Wissenschaftsaustauschs in den Jahren des Kalten Krieges zu streiten. Zeitweise hatte er die Präsidentschaft der ASA übernommen. Fuchs' Spionage warf einen langen, skeptischen Schatten auf das Anliegen der Wissenschaftsfreiheit, dem jetzt mit einigem Recht unterstellt werden konnte, die Risiken, die mit einem solchen Austausch verbunden wären, zu unterschätzen. Einige Jahre hatte man Peierls noch als externen Experten für Konsultationen am geheimen Atomforschungszentrum Harwell zugelassen. 1957 war diese Zulassung zurückgezogen worden. Das alles gehörte zu Peierls Vergangenheit, als er den Brief an Fuchs schrieb. Man weiß von keiner Antwort oder gar Dankeszeile des Empfängers auf die noble Geste. Und diese rätselhafte Erstarrung scheint sich auch fortgesetzt zu haben, denn es ist nicht bekannt, dass es irgendwann wieder ein Treffen zwischen den einstigen engen Freunden gegeben hat.

Am 24. Juni 1959 wird ein Mr. Strauss von Wakefield zum Londoner Flughafen Heathrow gefahren, wo eine polnische Verkehrsmaschine auf ihn wartet. Henry Arnold hat alles vorbereitet, auch das Pseudonym gehört zum notwendigen Ablauf. Ein wenig blass sieht der Passagier aus, schmal im etwas zu großen Anzug. Der Abschied aus England fällt ihm nicht leicht. Wenige Stunden später landet das Flugzeug in Berlin-Schönefeld. Sein Neffe und eine Betreuerin aus dem Apparat der SED begleiten ihn zu einem Auto, das bereitsteht. Die Zukunft wird erweisen, ob Klaus Fuchs in einer neuen Heimat angekommen ist.

Sein zweites Leben begann in einem Staat, dessen Anerkennung die westliche Welt noch verweigerte. Dass Fuchs nach seiner Freilassung in die DDR kommen würde, war nicht von Anfang an in Stein gemeißelt.

Es gab Angebote aus anderen Ländern. Auch in England hätte man es wohl lieber gesehen, wenn Fuchs geblieben wäre.

Vielleicht wirkte noch die komfortable Stellung nach, die der ehemalige britische Staatsbürger innerhalb des wissenschaftlichen Establishments von Großbritannien einmal besessen hatte. Die Aussichten in der DDR erschienen jedenfalls ungewiss und wissenschaftlich völlig offen. Im Frühjahr 1959, nachdem er erste Signale einer bevorstehenden Freilassung erhalten hatte, schrieb er aus dem Gefängnis seinem Vater in Leipzig, dass er sich nun entschieden hätte und am Aufbau der neuen Gesellschaft mithelfen würde. Er hatte ein Netz treuer Freunde und guter Kollegen verloren. Ob er es schaffte, noch einmal so gute Beziehungen aufzubauen, wie er sie in England in seiner großen Zeit gefunden hatte? Das war nun die große Frage.

Auf die Ankunft von Fuchs hatte sich die SED-Führung gut vorbereitet. Das geschah, wie man heute weiß, auf Drängen des KGB. Sein konkretes Tätigkeitsfeld wurde bestimmt, und auch für sein privates Umfeld hatte man vorgesorgt. Ihm wurde ein Haus in Dresden zur Verfügung gestellt, samt Hauspersonal und einer Betreuerin, die ihn zusammen mit dem Neffen schon in Schönefeld vom Flughafen abgeholt hatte. Man kannte sich noch vom Anfang der Emigration. Der lag inzwischen ein gutes Vierteljahrhundert zurück.

Vater und Neffe Klaus waren seine nächsten Angehörigen. Eine Partnerin hatte er lange nicht. Und sie wäre wohl auch nicht mehr so leicht zu finden gewesen, wenn es nicht diese gemeinsame Zeit mit der Genossin Grete Keilson damals in Paris gegeben hätte. Beide heirateten noch im Jahr seiner Ankunft in der DDR.

Eine Villa in Dresden-Loschwitz wurde sein neues Zuhause. Sie stand in einem der begehrtesten Viertel Dresdens, ganz in der Nähe der Elbe und des Körnerplatzes. Von ihm ging der Weg nur ein paar Meter die Schillerstraße bergauf. Nicht weit entfernt pendelte die Standseilbahn zwischen dem Körnerplatz unten und dem Weißen Hirsch oben auf der Höhe.

Bald gab es Besuch. Fuchs war eben zum stellvertretenden Direktor des Kernforschungszentrums in Rossendorf berufen worden. Einen russischen Physiker, der einige Tage später das Forschungszentrum besuchte, lud er zu sich nach Hause ein. Die Einladung verstand sich als freundliches Angebot zu einer privaten Plauderei. Dmitri Schirkow, knapp über 30 Jahre alt, besaß zu dieser Zeit schon den Ruf eines exzellenten Theoretikers. Er hatte zur Gruppe der Wissenschaftler gehört, die Kurtschatow 1950 zum Bau der Wasserstoffbombe nach Sarow geschickt hatte. Nun saß er zusammen mit dem »Super-Spion« bei einer Tasse Tee am Tisch. Fuchs hatte bis dahin noch nie etwas über die Art und Weise gehört, wie seine Informationen genutzt wurden. Jetzt erfuhr er aus erster Hand von Schirkow, dass man damals unter den jungen Wissenschaftlern die Herkunft bestimmter Daten und Gleichungen, mit denen gearbeitet wurde, allgemein kannte.

Die Gegend um Rossendorf, wo sich das Kernforschungszentrum befand, mutete so ganz anders an als das flache Anwesen von Harwell mit den Relikten der Royal Air Force und den Resten der ehemaligen Landebahnen. Rossendorf lag in einer bergigen, fast lieblichen Landschaft, etwa 20 Kilometer von Dresden entfernt. Hier war 1957 der erste Forschungsreaktor der DDR in Betrieb genommen worden. Fuchs übernahm wie damals in Harwell die Leitung der Theoretischen Abteilung. Zehn Jahre hatte er keine Wissenschaft mehr betrieben. Vergessen hatte er nichts, aber er hatte auf dem Feld der sich rasant entwickelnden Kernphysik den Anschluss verloren. Fähige junge Leute an seiner Seite machten dieses vorübergehende Defizit wett. Er stieß auch hier auf das alte Spiel zwischen Experimentalphysikern und Theoretikern, bei dem erstere die Theoretiker mit Vorliebe als Rechenknechte zu nutzen versuchten.

Es gab Gegenwind bei der Integration von Fuchs in die wissenschaftliche Community der DDR. Gleich zu Anfang widersetzte sich der Chef von Rossendorf seiner Berufung zum stellvertretenden Institutsdirektor, weil es einen solchen Stellvertreter schon gab, lautete die Begründung. Der Physiker Gustav Hertz, einziger Nobelpreisträger im Land und eine einflussreiche Stimme, mahnte gegenüber Fuchs Vorsicht an, denn immerhin habe der Mann Landesverrat begangen. An der Technischen Hochschule Dresden verwies man auf die fehlende Habilitation für eine Berufung zum Professor und setzte sie aus. In den 1950er- und auch noch 1960er-Jahren arbeiteten an den Universitäten und Forschungsinstituten der DDR gestandene Wissenschaftler von internationalem Rang, die für den Kommunismus wenig Zuneigung aufbrachten, wohl aber für die Demokratie und ihr Land. Die allerdings nur mit vorgehaltener Hand geäußerten Bedenken von Hertz standen stellvertretend für einen Teil dieser älteren Wissenschaftlercommunity. Solcher Gegenwind blies Fuchs in der DDR in einer Zeit ins Gesicht, als die westdeutsche Publizistin Margret Boveri in »Der Verrat im 20. Jahrhundert« auf seinen Modellcharakter für ein Denkmal des Flüchtlings im 20. Jahrhundert hinwies.

Sein Arbeitsweg zur Hochschule führte ihn durch das Zentrum von Dresden. Hier prägten immer noch die Spuren der Zerstörung das Stadtbild. Zwischen dem Altmarkt und dem südlich gelegenen Hauptbahnhof erstreckte sich eine schier endlose Brache. Nur ganz hinten, ein Stück vor dem Bahnhof, ragte als kleines trotziges Relikt das Hotel Excelsior heraus. Da hatte sich einmal die berühmte Prager Straße mit ihren Kaufhäusern, Cafés und quirligem Leben befunden. Die Ruinen waren inzwischen abgetragen worden, aber die Straßen mit ihren Bordsteinen, wo einmal imposante Bürgerhäuser in den Himmel ragten, gab es noch.

Mitte der 1950er-Jahre hatten die Stadtväter den Einfall, auf dieser geschundenen Fläche ein großes Feuerwerkspektakel zu veranstalten. Viele Eltern zogen abends mit ihren Kindern von den Straßenbahnhaltestellen zu der südlichen Absperrung des Altmarktes. Für manch ein Kind dürfte es das erste Mal gewesen sein, so spät in der Stadt unterwegs zu sein. Dann schossen die ersten Raketen in die Höhe und zerplatzten vor den staunenden Kinderaugen in gewaltigen, strahlenden Fontänen. So etwas hatten sie noch nicht gesehen. Sie konnten noch nicht wissen, dass die Mathematik der Parabeln, die von diesen Raketen und Fontänen in den Himmel geschrieben wurden, die gleiche ist, die auch für Fliegerbomben galten. Die Berechnung solcher Parabeln war nicht schwer, sie gehörte zum Grundhandwerkszeug von Physikern und Mathematikern. Und auch die Bomberpiloten beherrschten sie, nicht virtuos, aber immerhin ausreichend, um damals im Februar 1945 jene Fläche zwischen Altmarkt und Hauptbahnhof, über der sich heute die Feuerwerksraketen austoben durften, in einem schrecklichen Feuersturm freizulegen.

Zu seinem 50. Geburtstag 1961 erhielt Fuchs die ihm versprochene Professur an der Technischen Hochschule in Dresden. Bevor er in die Partei seiner Wahl, die SED, aufgenommen werden konnte, musste er für die zuständigen Stellen seinen Lebenslauf aufschreiben. Natürlich dürfte man dort über das Geständnis, das er gegenüber dem britischen Vernehmer abgegeben hatte, einigermaßen im Bilde gewesen sein. Nun benannte er noch einmal seine Zweifel, von denen er in seinen Verhören in England gesprochen hatte: Rechtsverletzungen in der Sowjetunion, dogmatische Urteile bei den Auseinandersetzungen mit Lyssenko, auch wenig effektive Außenpolitik mit Blick auf die internationale Kontrolle der Atomenergie. Diese Zweifel am Sozialismus erklärte er als Folge seiner isolierten Stellung bis zum Prozess im Jahr 1950.

Für seine Läuterung, die er ebenso wie seine Zweifel mit wenigen Worten in durchnummerierten Punkten abfasste, gab er sein umfangreiches Studium des dialektischen Materialismus an, das ihm in der Isolation der Gefangenschaft möglich geworden war. Diese Lehre erschien ihm im Vergleich zur bürgerlichen Philosophie deshalb so attraktiv, weil sie den Menschen nicht nur als denkendes und wahrnehmendes, sondern auch als handelndes Wesen begriff. Auch den berühmten XX. Parteitag der KPDSU von 1956, auf dem Nikita Chruschtschow den unsäglichen Terror der Stalinzeit eingestand und mit dem 1953 verstorbenen Diktator öffentlich abrechnete, erwähnte er als wichtigen Impuls, der es ihm gestattet hätte, verlorenes Vertrauen zurückzugewinnen.

Solche Erklärungen, für die es eigentlich gar keine Notwendigkeit gab, überraschen den Betrachter seiner Biografie. Jene erwähnten Zweifel rührten aus der Kenntnis und Erfahrung schlimmer Ereignisse – und ein Wissenschaftler wie Fuchs wusste bestens Bescheid über die substanzielle Bedeutung des Zweifels für die Erkenntnis. Man wird an die Geschichte vom verlorenen Sohn erinnert, der aus der Fremde zurückkehrt, die vorgefundenen Verhältnisse noch nicht durchschaut und um Aufnahme bittet. Auch in dem neuen Land gab es genügend verstörende Ereignisse. Emil, sein Vater, pflegte bis zuletzt eine freundschaftliche Beziehung zu Ernst Bloch an der Leipziger Universität. Zu seinem 80. Geburtstag hatte Emil Fuchs den Philosophen eingeladen, und der, damals schon weitgehend isoliert, nahm an. Bloch war gewiss ein begeisterter Anhänger des dialektischen Materialismus – und eben deshalb mit dem Dogma der SED, diesen als endgültige Lehre anzuerkennen, nie ins Reine gekommen. 1957 war Ernst Bloch zwangsemeritiert worden, wogegen Emil Fuchs und andere protestiert hatten. Nach dem Bau der Mauer in Berlin kehrte Bloch von einer Reise in den Westen nicht mehr zurück.

Klaus Fuchs beschränkte sich zunächst auf seine Forschung, die Felder, auf denen er sich wirklich zu Hause fühlte. Eine Einladung vom Vereinigten Kernforschungszentrum Dubna in der Nähe von Moskau, einer Einrichtung des Warschauer Pakts, ähnlich der des CERN im Westen, sollte diesem Anliegen dienen. Seit seinen ersten Tagen in Rossendorf bewegten ihn die noch in Harwell entworfenen neuen Konzepte für Kernreaktoren, die viel weniger Uran benötigten. An diesen sogenannten »Schnellen Brütern« wurde auch im Osten intensiv geforscht. In der zweiten Maihälfte des Jahres 1960 reiste Fuchs zusammen mit seiner Frau Grete als Mitglied einer DDR-Delegation in die Sowjetunion. Auf dem Plan stand neben dem Besuch von Dubna eine aufwändige, fast dreiwöchige Kennenlernreise für das Paar durchs ganze Land. Obere Stellen hatten eingefädelt, dass zu den vorgesehenen Terminen auch ein Treffen mit dem KGB gehörte, was Fuchs selbst nicht wirklich überrascht haben dürfte. Die Gespräche fanden wenige Tage nach seiner Ankunft in einem unscheinbaren, kaum besuchten Moskauer Restaurant statt. Man wollte viel über das Geschehen damals in England wissen. Die genauen Umstände seiner Verhaftung interessierten seinen Gesprächspartner, natürlich auch, wie viel er über die von ihm weitergegebenen Informationen und über Kontaktpersonen erzählt hatte. Das Gespräch bekam ein unangenehmes, verstörendes Ungleichgewicht zwischen der Würdigung seines Einsatzes und den akribischen Nachfragen zu seinem freien Geständnis. Der stille Verdacht, dass sein Geständnis eine Lawine ins Rollen gebracht haben könnte, an deren Ende auch die Hinrichtung von Ethel und Julius Rosenberg in den USA gestanden hatte, mischte sich in die Szenerie. Das kommunistische Ehepaar wurde in der aufgepeitschten Hetzatmosphäre der frühen 1950er-Jahre wegen Spionage für die Sowjetunion verhaftet und nach einem international aufsehenerregenden Prozess 1953 auf dem elektrischen Stuhl hingerichtet.

Zu der geplanten Sightseeingtour kam es nicht mehr, Fuchs brach die Reise – wegen dringender Termine in der DDR – schon nach einer Woche ab.

4.2 Das begehrte Wort »Frieden«

Für Carl Friedrich von Weizsäcker wird der 13. Oktober 1963 ein denkwürdiger Tag. Man erwartet ihn in der Frankfurter Paulskirche, dem ehemaligen Sakralbau im Zentrum der Stadt und Erinnerungsort deutscher Demokratiebewegung. Wie viele historische Bauten in Deutschland wurde auch sie durch Bomben zerstört. Nach dem Krieg hatten Spenden geholfen, sie wiederaufzubauen, und seither wurde sie als Ort für bedeutende Versammlungen genutzt. Weizsäcker soll an diesem Tag der Friedenspreis des deutschen Buchhandels verliehen werden. Die Jury, die den Preis auslobt, ehrt mit ihm, so heißt es, »einen Gelehrten, der der Jugend unseres Landes als akademischer Lehrer das unbedingte Streben nach Wahrheit vorlebt«. Fünf Jahre waren seit seiner Artikelserie »Mit der Bombe leben« vergangen. In diesen fünf Jahren hatten jene, die gegen die atomare Bedrohung in der Welt aufbegehrten, ein wenig hoffen dürfen. Gut ein Jahr nach der Kuba-Krise von 1962 war ein neuer Vertrag über das Verbot von Kernwaffenversuchen in der Atmosphäre, im Weltraum und unter Wasser in Kraft getreten. Die beiden Großmächte hatten miteinander gesprochen und fanden sich sogar zu einer Einigung in der Lage.

Heute soll Weizsäcker vom Podium aus den geladenen Gästen seine Vorstellungen über die »Bedingungen des Friedens« erklären. Man hat ihn gebeten, als Atomphysiker, oder noch besser im Namen der Wissenschaft, zu sprechen. Auf den Teststoppvertrag wird er nicht eingehen, dieser Erfolg gehört schon der Vergangenheit an. Sein Blick richtet sich auf die Zukunft und die Wege zu einem sicheren Frieden. Dabei will er sich mit drei Thesen befassen: »1. Der Weltfriede ist notwendig, 2. Der Weltfriede ist nicht das goldene Zeitalter und 3. Der Weltfriede fordert von uns eine außerordentliche moralische Anstrengung.« Diese Kernsätze verkünden nicht unbedingt überraschende Gedanken. Bevor er sich ihnen ausführlich zuwendet, fährt Weizsäcker vor seinem Publikum schwere Geschütze auf. Die politischen Reaktionen in der Öffentlichkeit wären von zwei Elementen getragen, von Lethargie und Emotionen. Beide litten am gleichen Defizit, nämlich am »Denken«. Die Weltlage sei kompliziert, was das angemahnte Denken vor schwierige Probleme stelle. Von solchen Problemen solle die Rede sein, es ginge »um die Ermöglichung sicherer Tritte auf dem praktischen Weg zum Frieden.«

Sollte für Weizsäcker im Jahr 1963 nicht schon längst die inoffizielle Zuschreibung »Lehrer der Nation« gegolten haben – hier dürfte sie geboren worden sein. Mit einem Blick von ganz oben schritt er die großen Problemfelder der Welt ab und trug seine Überlegungen und Thesen vor. Der Bitte als Wissenschaftler zu reden, entsprach er am sinnfälligsten da, wo er eine Strategie der Friedenssicherung einforderte. Eine Strategie, die in Amerika schon geübt wurde. Wissenschaft und Technik hatten die Atombombe geschaffen, mit der man nun leben musste. Wissenschaft und Technik könnten aber auch eine Strategie der Friedenssicherung schaffen, die der Expertenarbeit zur Seite stehen könnte. Auf solch einer Grundlage müssten jetzt die Staatsmänner und Politiker handeln. Wo er sich den Fragen der Weltpolitik zuwandte, schien es, als hätte die Erinnerung an seinen Vater und dessen Verehrung für Bismarck die Feder geführt. Die Konflikte, die es einmal gab und Kriege zur Folge hatten, oblagen immer der Außenpolitik. Er nannte als Beispiel den Krieg Preußens gegen Bayern von 1866. Aber nach Gründung des Deutschen Kaiserreiches konnten Konflikte auf verfassungsmäßigen Wegen durch die Innenpolitik gelöst werden. Aus diesem Denkansatz folgte für die globale Zukunft, dass Außenpolitik sich in eine »Weltinnenpolitik« verwandeln müsse.

Die Verbindungen zwischen den Kirchen in West und Ost sind im Kalten Krieg nie abgebrochen, auch nach dem Mauerbau in Berlin bestanden sie fort. Der gute Klang des Namens Weizsäcker, der in kirchlichen Kreisen der Bundesrepublik etwas galt, drang auch in den Osten vor. Der Union-Verlag, ein der DDR-CDU nahestehendes Publikationshaus, hatte um eine Genehmigung zum Nachdruck von Weizsäckers Rede gebeten, die erteilt wurde. Diese eigentlich kaum erwähnenswerte Zustimmung zeigt jedoch, wie weitsichtig Weizsäcker in allen seinen Handlungen war – und das bis zur Wende. Immer wieder schlug er eine Brücke in die DDR, sei es zu Verlagen oder auch zur gesamtdeutschen Akademie der Naturforscher Leopoldina in Halle, die ihn 1959 zu ihrem Mitglied wählte. Der Anklang, den seine Schriften unter den Christen der DDR fanden, bezog sich nicht bloß auf deren humanen Inhalt, sondern auch auf seine Sprache, die sich wohltuend von den programmatischen, ritualisierten Friedensmahnungen im Osten unterschied. In Eisenach, dem alten Wirkungsort von Emil Fuchs, fanden sich Menschen zu Diskussionsabenden zusammen, um die Friedensgedanken von Weizsäcker zu bereden.

Der fast 90-jährige Professor Emil Fuchs könnte der Initiator einer Veranstaltung des Leipziger Kulturbundes gewesen sein, die 1964 stattfand. In diesem Jahr erschien im Union-Verlag der DDR auch die Weizsäckers Rede über die »Bedingungen des Friedens«. An Klaus Fuchs erging die Bitte, über diese Schrift zu referieren. Es war sein erster öffentlicher Auftritt nach Ankunft in der DDR. Fuchs hatte sich zur Vorbereitung auch mit dem Göttinger Appell befasst. Dabei kam ihm ein Aufsatz von Max Born in die Hände. »Es war ein schlimmer Traum, den die Wissenschaftler einmal träumten, dass die Suche nach Wahrheit an sich gut sei«, hatte Max Born darin seinen Kollegen mitgeteilt, »geweckt wurden sie erst durch die Weltereignisse«. Dieser Satz las sich wie eine Replik auf »das unbedingte Streben nach Wahrheit«, das die Juroren ihrem Friedenspreisträger Weizsäcker zugewiesen hatten. Nun würdigte Fuchs den Göttinger Appell und erwähnte natürlich auch seinen Lehrer. Er hob die drei Thesen hervor und mahnte, wie Weizsäcker, die Friedenssicherung an, die Vorrang haben müsse. Dieser Auftritt, mit dem der Referent einer Bitte nachkam, bedeutete eine verhaltene Verbeugung vor dem westdeutschen Mahner und Physikerkollegen Carl Friedrich von Weizsäcker. Auf der Veranstaltung in Leipzig wurde er gefragt, welche Bedeutung seine Informationen über den Bau der Atombombe für Moskau besaßen. Seine Antwort fiel zurückhaltend aus, aber er antwortete. Der Bau einer Atombombe, so sein Fazit, wäre eine ungeheuer große technologische und industrielle Herausforderung gewesen, die die Sowjetunion allein bewältigt hätte. Ob und wie seine Informationen dabei geholfen haben, würde einmal die Wissenschaftsgeschichte aufklären; er konnte es nicht sagen.

Sechshundert Patente meldete Manfred von Ardenne im Laufe seines Lebens an. Er hatte unter anderem die erste elektronische Fernsehübertragung zustande gebracht und das Elektronenmikroskop miterfunden, das atomare Bereiche für das menschliche Auge sichtbar macht. Er genoss das unschätzbare Privileg, als Wissenschaftler von dem SED-Parteivorsitzenden Walter Ulbricht protegiert zu werden, obwohl viele aus dem Akademikerkreis meinten, dass Ardenne gar kein richtiger Wissenschaftler sei, weil er nie eine Universität besucht hatte. Nachdem er aus Russland zurückgekehrt war, wurde ihm ein eigenes Forschungsinstitut auf dem Weißen Hirsch in Dresden zur Verfügung gestellt, einen großen Dienstwagen russischer Bauart erhielt er auch. Seine Innovationsfreude kannte kaum Grenzen, sein Blick ging bald über das Fachliche hinaus und markierte ein Defizit. Es müsse ein gemeinsamer Ort eingerichtet werden, einem Salon ähnlich, wo für einen ausgewählten Kreis gepflegte Bürgerlichkeit gelebt werden könne, an der es sonst ziemlich mangelte in Dresden. Das nahe, kaum genutzte Lingnerschloss oben an den Elbhängen bot sich dafür an. Im März 1957 wurde hier der Dresdner Club der Intelligenz eröffnet, der erste Vorsitzende wurde Ardenne selbst. Seither bestand hier ein Kommen und Gehen. Das Restaurant mit seiner guten Küche bot hin und wieder Außergewöhnliches und das hatte sich mit den Jahren herumgesprochen. Und nicht nur das: Vom Schloss hatte man einen wunderschönen Blick auf das Elbtal, besonders von der Terrasse aus.

Zwei Männer genossen diese Aussicht, schauten auf die Stadt. Aus der Ferne waren die Zerstörungen, die die Bombenangriffe angerichtet hatten, kaum auszumachen. Wer, wie der eine, der einmal Oberbürgermeister von Dresden gewesen war, die Silhouette von früher genau kannte, wusste natürlich, was fehlte, die Umrisse der Frauenkirche zum Beispiel und einiges mehr.

OB Walter Weidauer erzählte seinem Begleiter kenntnisreich von den Ereignissen vor 20 Jahren. 1965 war sein Buch »Inferno Dresden« erschienen, das viel Interesse gefunden hatte. Die Dresdner suchten noch immer nach Erklärungen für das, was sie da im Februar 1945 heimgesucht hatte. Nun stand die nächste Auflage des Buchs an und ein Thema trieb den Autor besonders um – die »Aktion Donnerschlag«, deren Existenz und Planung durch die Westalliierten er belegen konnte. Weidauer hatte schon in der ersten Auflage eine Indizienkette geliefert, nach der sich hinter dieser Aktion die Vorbereitung für den Abwurf einer Atombombe auf Dresden verbarg. Dafür gab es keine eindeutigen Beweise. Um die Indizien plausibler zu machen, musste der Zeitplan zur Fertigstellung der Atombomben in Los Alamos mit den Planungen des Bomber Commands der Alliierten abgeglichen werden. Weidauer sah in den Verzögerungen den eigentlichen Grund dafür, dass Dresden von einem atomaren Inferno verschont geblieben war. Doch fachlich war es ihm unmöglich zu beurteilen, wieso und warum. Der andere konnte Weidauer die Schwierigkeiten bei der Entwicklung der Plutoniumbombe erklären, nannte auch die Implosionsmethode, die so schwer in den Griff zu bekommen sei. Ob es im Ergebnis an diesen Schwierigkeiten lag, die dazu führten, dass Dresden von der Atombombe verschont blieb, darauf wollte er sich nicht festlegen lassen.

In der nächsten Auflage dankte der Autor Professor Dr. Klaus Fuchs für seine Hinweise in wissenschaftlichen Fragen. Auch diese Auflage würde wieder schnell vergriffen sein und die Legende von der Atombombe auf Dresden würde weiterwachsen. Das Buch enthielt wieder viele Fakten, förderte aber kaum die historische Aufklärung. Den Leser erwartete bei der Lektüre die ganze Fülle kursierender ideologischer Kampfbegriffe.

Ein Detail konnte wirklich noch nicht auftauchen, hätte aber den verdammungswürdigen Bombenangriffen der Briten und Amerikaner eine eigene Note hinzugefügt. Denn unter den Dresdnern, die den 13. Februar überlebten, hatte sich auch der amerikanische Soldat und Kriegsgefangene Kurt Vonnegut befunden. Er hatte mitgeholfen, die Opfer der schweren Angriffe zu bergen. Davon konnten die Dresdner frühestens 1969 erfahren, als in Amerika sein Buch »Slaughterhouse Five« erschien, aber wohl wahrscheinlicher erst 1983, als »Schlachthof 5« in die Buchläden der DDR kam.

In Weidauers Buch, in dem auf »Prof. Dr. Klaus Fuchs« als Autorität hingewiesen wurde, blieb die Atomspionage unerwähnt. Das ließ sich nicht auf ein einfaches Versehen zurückführen, sondern hier waberte schon das seltsame Schweigen, das für diesen Teil der Fuchs-Geschichte im Osten aufzog. Während im Westen Artikel, Bücher und Filme über den Atomspion Klaus Fuchs erschienen, die von Alan Moorehead und Robert Jungk bildeten nur den Anfang, und weil dadurch ein Teil der DDR-Bevölkerung Bescheid wusste, markierte die offizielle Lesart einen krassen weißen Fleck. Seine Mitarbeiter in Rossendorf dürfte dieses Spiel besonders befremdet haben.

Die Spionagegeschichte zu erzählen, gehörte allerdings auch nicht zu den Forschungsaufgaben, die man zu erledigen hatte. Man wollte das moderne Konzept des Schnellen Brüters verfolgen. Fuchs war überzeugt, dass dieses Konzept für die Kernenergetik des Landes große Bedeutung besaß. Der schnelle Reaktor konnte mit dem reichlich zugänglichen Uran 238 betrieben werden und er produzierte als Nebenprodukt das spaltbare Plutonium, das auch als Brennstoff für die Energiegewinnung verwendet werden konnte. Mit einer solchen Technologie wäre der Brennstoffbedarf für einen langen Zeitraum gesichert. Die Forschungen, die im Rahmen einer internationalen Zusammenarbeit im Osten stattfinden sollten, kamen nur schlecht voran. Ende der 1960er-Jahre und in den 1970ern mehrten sich abschätzige Signale aus dem Westen, wo größere Reaktoren mit einer anderen Technologie entstanden. Auch die Sowjetunion verfolgte neben den Schnellen Brütern neue Wege.

Aber das entscheidende Hindernis für einen weiteren Einsatz dieser Reaktorklasse dürfte am Ende der Einspruch Moskaus gewesen sein, wo man fürchtete, die Kontrolle über den heiklen Plutoniumkreislauf zu verlieren. Die Koexistenz einer entwickelten Verfahrenstechnik in der DDR, die auch die Behandlung und Isolierung von Plutonium beherrschbar machte, und einem, wie man intim wusste, exzellenten Spezialisten für die Plutoniumbombe schien unter den Verantwortlichen in der Sowjetunion bizarre Bedenken und Ängste hervorzurufen, auch wenn sie für jeden Realisten völlig abwegig sein mussten.

Das Sterben seiner innovativen Ideen wird mit dazu beigetragen haben, dass Fuchs sich offen für höhere Aufgaben zeigte. In den 1970er-Jahren übernahm er an der Akademie der Wissenschaften der DDR die Leitung eines großen, kräftezehrenden Forschungsbereiches, in dem alle für die Wirtschaft wichtigen Gebiete der Physik auftauchten. Solche Karrieresprünge gingen in der Regel mit einem Verlust an Kompetenz in der konkreten Forschung einher.

Fuchs war es gelungen, eine Gruppe junger, fähiger Physiker um sich zu scharen und zu formen, die die Lücke schließen konnten. Sein Abschied von der aktuellen Forschung und der Wechsel der Ebenen spiegelten einen üblichen Prozess wider, den Koryphäen seines Kalibers in allen Ländern durchliefen. Was er in der Rückschau für sich selbst als fachliches Maß ansah, ist nicht bekannt. Nur dass ihm sein Einstieg in die Forschung nach der neunjährigen Haft sehr schwerfiel, hatte er einmal zugegeben. An seine brillanten Arbeiten der 1930er-Jahre auf dem Feld der theoretischen Physik, die seine Lehrer Nevill Mott und Max Born einst begeisterten, konnte er nicht mehr anknüpfen. Hier ähnelte sein Weg dem von Carl Friedrich von Weizsäcker, der in den 1930er-Jahren großartige Arbeiten veröffentlicht und nach dem Krieg der physikalischen Forschung entsagt hatte.

Die thüringische Stadt Mühlhausen kann stolz fast ein Dutzend Kirchen ihr Eigen nennen, allerdings werden nur wenige von den Gemeinden noch genutzt. Mehrere Kirchen sind in den Orten Thüringens mit seiner langen Geschichte keine Seltenheit. Man muss schon genauer suchen, wenn man auf etwas Besonderes aus ist. Die Divi-Blasii-Kirche am Untermarkt 7 von Mühlhausen gehört ganz sicher zu den ersten Adressen. Sie ist in ihrem frühgotischen Stil die älteste Kirche der Stadt. Der junge Johann Sebastian Bach hatte hier für ein Jahr die Stelle eines Organisten ausgeübt

Im August 1976 strebte eine Gruppe ausländischer und deutscher Besucher zur Divi-Blasii-Kirche. Es waren die Teilnehmer der 26. Pugwash-Konferenz, die gerade in Mühlhausen stattfand. Für den Nachmittag wurde zu einem Orgelkonzert in die Kirche eingeladen. Johann Sebastian Bach und seine Musik waren etwas, über das sich alle leicht verständigen konnten – ohne Ringen um Kriegswaffen, um Nuklearwaffen. Aber das war ja nicht die Aufgabe von Pugwash, jedenfalls nicht direkt.

Einer der Gäste, Sir Rudolf Peierls, hatte die erste Atombombe mitentwickelt. Peierls war seit 1960 Mitglied der Pugwash-Bewegung, und nun spaziert er zusammen mit anderen, in Gespräche vertieft, zur Divi-Blasii. Fünfunddreißig Kilometer entfernt liegt Eisenach, dort hatte Klaus Fuchs in den 1920er-Jahren die Schule besucht. Peierls wird sich an Jugendschilderungen von Klaus erinnern, als man sich am Anfang ihrer Zusammenarbeit vertrauter gemacht hatte. Unter den DDR-Teilnehmern der Konferenz ist er nicht, obwohl er doch bestimmt etwas zu sagen wüsste zu dem Generalthema »Abrüstung, Sicherheit und Entwicklung«, das in Mühlhausen verhandelt wird. Man hat andere geschickt. Während des Orgelkonzerts in den Pausen konnte man die Gedanken schweifen lassen – und die werden alle Beteiligten oft auf seltsame Wege geführt haben. Mehr als 100 Wissenschaftler aus 30 Ländern sind angereist. Das ist eine beachtliche Versammlung. Natürlich gilt die besondere Aufmerksamkeit den Worten der amerikanischen und sowjetischen Teilnehmer. Von Ersteren wird der Vorwurf laut, die Sowjetunion spreche immer noch davon, dass ein nuklearer Krieg gewonnen werden könne. Stimmt nicht, sagen die Russen. Aber genau das hätte der Verteidigungsminister der DDR kürzlich erwähnt, kommt von anderer Seite der Einwurf. Aber dieser Minister wäre doch wohl kein Sprecher der Sowjetunion, sagen die Russen. Das stimmt wohl, und so bleibt nach dieser Klarstellung nur die Einsicht, dass dieser Minister schlecht beraten worden war. Der Austausch aktueller Erkenntnisse über nukleare Rüstungspläne beider Seiten, auch der Austausch von Sorgen, hatte Peierls und andere Veteranen der Kernwaffen zur Pugwash-Bewegung geführt. Jetzt ist der fast 70-jährige Physiker in Mühlhausen, es geht wieder mal um viel. Die Entwicklung weitreichender Marschflugkörper, die nur schwer zu entdecken sind und zu dessen Abwehr wieder ein neues Rüstungsprojekt gestartet werden müsste, ist in den USA fast abgeschlossen. Die neuen weitreichenden Trägerraketen mit Mehrfachsprengköpfen, die im Westen einmal die Bezeichnung »SS20-Raketen« erhalten, wurden gerade den sowjetischen Raketentruppen übergeben. Auch sie würden wegen der kurzen Vorwarnzeit neue Maßnahmen erfordern. Man kann analysieren, ob und wie das Prinzip der Parität, das beide Seiten wollen, gewahrt bleibt oder eben nicht. Hier in Mühlhausen entstehen Argumente, von denen einige bald die Straße erreichen werden. Die Entscheidungen fallen woanders.

Der Garten des Menschlichen gleicht einem schier unüberschaubaren Gehege. In ihm tummeln sich die Individuen in ihrer ganzen

Pracht und Herrlichkeit und zugleich mit ihrem bodenlosen Versagen. Die Zeit kann die Verhältnisse ändern, der Garten muss bestellt werden, damit etwas Gutes wächst. Was die Wissenschaft dafür leisten konnte, wurde seit 1970 in einem Institut der Max-Planck-Gesellschaft in Starnberg untersucht, dem Carl Friedrich von Weizsäcker als Gründungsdirektor vorstand. Der Direktor war viel unterwegs, zu viel vielleicht, und dann arbeitete er noch an einer großen Monografie. 1977 erschien das Buch mit diesem poetischen Titel: »Der Garten des Menschlichen«. Es sollte ein Beitrag zur historischen Anthropologie sein. In vier anspruchsvollen Kapiteln bringt der Autor sein Wissen zu Papier: Verstand und Vernunft, so lernte man, müssen zusammengehen, denn Vernunft sei die »Wahrnehmung eines Ganzen«. Selbst in der DDR gehörte das Buch inoffiziell zur Lektüre von Philosophiestudenten, obgleich vom dialektischen Materialismus in ihm nichts geschrieben stand, wohl aber von »Ambivalenz«, was mit Dialektik zu tun haben könnte.

Während der Arbeit am Buch hatte Weizsäcker die Zeit für gekommen gehalten, mehr über sich zu berichten. Ein Jahr vorher, im Februar, war der alte Freund und Lehrer Werner Heisenberg gestorben. Von den Älteren, die Farm Hall kannten und am Göttinger Appell mitgewirkt hatten, war niemand mehr am Leben. Max von Laue starb 1960, Otto Hahn 1968 und im Januar 1970 auch Max Born. Weizsäcker hatte sich vor einigen Jahren in der kleinen Gemeinde Söcking niedergelassen. Die lag dicht an der Stadt Starnberg und auch am Institut, nicht weit vom See entfernt. Mit seiner Frau Gundalena bewohnte er einen geräumigen Bungalow, nichts Pompöses, eher bescheiden mutete das Haus auf der leichten Anhöhe an. Manchen Besucher dürften die Lüftungsstutzen aufgefallen sein, die an einigen Stellen des Gartens aus der Erde sprossen. Sie hatten auch mit der Atombombe zu tun, allerdings indirekt, nicht mit ihrer Technik, sondern mit ihrer angstmachenden Aura. Ihr war Weizsäcker als Mensch erlegen. Keine Physik und kein universales Wissen hatten ihn davon abhalten können, hier einen Atombunker in Auftrag zu geben, der schützen sollte, wenigstens für 14 Tage: vor Hitze, Druckwellen, Strahlung und dem Fallout. Sein Buch erzählte davon nichts, allein der Titel »Der Garten des Menschlichen« spiegelte die Geschichte, wie es treffender kaum sein konnte.

Statt mit einer Zusammenfassung endete die große Monografie mit einer unvollständigen Selbstdarstellung – seiner persönlichen Ideengeschichte auf biografischem Hintergrund. Auch die Geschichte des Göttinger Appells, der inzwischen 20 Jahre zurücklag, wurde noch einmal hervorgeholt. Weizsäcker erzählte mit Empathie von den Sorgen Adenauers, die ihm damals bei dem Treffen entgegengeschlagen waren. Adenauer sei überzeugt gewesen, dass Abrüstung notwendig war, um einen Weltkrieg zu vermeiden. Eben darum hätte man aber in die Verhandlungen nicht mit Vorleistungen gehen dürfen, lautete damals sein Argument. Das bedeutete keinen Stopp bei den Atomwaffen. Weizsäcker glaubte nicht an eine Abrüstung in diesen Jahren. Vielmehr wären Atomwaffen in Deutschland eine Gefahr, weil sie für den Gegner Ziele darstellten. Aus solchen Gedanken folgte für ihn damals die Notwendigkeit, sich nicht nur mit der Außenpolitik, sondern auch mit Waffenentwicklungen und Strategien zu beschäftigen. Diese Überlegungen fanden später ihren Niederschlag in der Rede zum Friedenspreis.

Die Vorgänge um den Göttinger Appell, die anschließende Debatte im Deutschen Bundestag und auch der Wahlkampf zwischen CDU und SPD im Jahr 1957 gehörten zu einem Teil bundesrepublikanischer Geschichte, der aufgrund jüngster Enthüllungen die Historiker noch einmal beschäftigen könnte. Im Frühjahr 2022 wurde nämlich bekannt, dass der Bundesnachrichtendienst, eigentlich zuständig für das Ausland, in den 1950er-Jahren mit dem Wissen des Bundeskanzlers seine Befugnisse weit überschritten und ab 1953 fast zehn Jahre lang Konrad Adenauer kontinuierlich mit Informationen aus der SPD-Zentrale in Bonn versorgt hatte.

Aber 1977 ging die Bundesrepublik ganz neuen Herausforderungen entgegen. Mittelstreckenraketen waren zum Thema zwischen den Großmächten geworden. Die Sowjetunion hatte sich mit ihren SS20-Raketen in Stellung gebracht. Im Dezember wurde der NATO-Doppelbeschluss verkündet, der die Stationierung von amerikanischen Pershing-II-Raketen in Europa androhte, wenn keine Schritte zur Abrüstung erfolgen sollten. In der Bundesrepublik begann es zu gären, denn Stationierung bedeutete wieder, neue Ziele für den Gegner zu schaffen. In diesen Monaten begleitete Weizsäcker als selbsternannter Diplomat das brisante Geschehen. Im Mai 1981 erschien von ihm in der »Zeit« ein Beitrag, in dem er dafür plädierte, die neuen Raketen auf See zu stationieren. Der Leser erfuhr gleich am Anfang, dass der Autor diese Zeilen schon im November 1979 als persönliche Notiz niedergeschrieben hatte. Der Schwerpunkt seiner Analyse lag auf dem Zustand des sowjetischen Reiches, dessen zeitweiliger Überlegenheit, aber auch dem sicheren Verlust dieser Position im kommenden Jahrzehnt. Und hierin sah er die größte Gefahr. Einen Monat später erwähnte er in einem Brief an Bundeskanzler Helmut Schmidt eine kurze Reise in die USA, die auf dem Plan stand. Er würde dort seine Meinung vertreten, wäre aber dankbar für ein paar politische Hinweise, damit kein politischer Schaden entstünde.

Die Proteste der Straße gegen den NATO-Doppelbeschluss wurden immer stärker. Im Oktober 1981 versammelten sich im Bonner Hofgarten 300.000 Menschen zu einer Friedensdemonstration. Man wollte die entstehende atomare Bedrohung nicht hinnehmen. Wortmächtige Bürger erhoben ihre Stimme, dabei auch der Literaturnobelpreisträger Heinrich Böll.

Robert Jungk hatte eine Einladung erhalten, Günter Grass auch, dann Erich Fried, Peter Härtling, Ernst Jandl, Heinar Kipphardt, Luise Rinser. Diese und noch viele mehr, alles bekannte und geschätzte Schriftsteller und Künstler aus dem Westen, waren der Einladung von Stephan Hermlin gefolgt, an einer Begegnung zur Friedensförderung in Ostberlin teilzunehmen. Auch die aus der DDR in den Westen übergesiedelten Schriftsteller Jurek Becker und Thomas Brasch waren eingeladen worden und kamen.

Die Begegnung war für den 13. und 14. Dezember 1981 geplant. Aus dem Osten gehörten ebenfalls namhafte Vertreter ihrer Zunft zu den Eingeladenen. Es sollte ein großes Treffen der Kulturschaffenden und Wissenschaftler werden. Rund 100 Personen kamen zusammen, man wollte über den NATO-Doppelbeschluss reden. Auch Weizsäcker hatte von Hermlin eine Einladung erhalten. Der Brief gelangte über den von ihm geschätzten »Kollegen« Max Steenbeck in sein Büro. Der DDR-Physiker galt im Osten als Star und einflussreicher Wissenschaftler – ein

Experte für Anreicherungsverfahren bei Uran, zu dem er sich nach dem Krieg in der Sowjetunion profiliert hatte, und ein Miterfinder der legendären Ultrazentrifuge, mit der bis heute Uran behandelt wird. 1977 erlangte sein Name auch im Westen einige Aufmerksamkeit, als Bundespräsident Walter Scheel ihn zusammen mit sieben anderen Wissenschaftlern aus der Bundesrepublik mit dem »Alfried-Krupp-von-Bohlen-und-Halbach-Preis für Energieforschung« auszeichnete.

In einer Antwort vom November 1981 erläuterte Weizsäcker Hermlin, warum er nicht kommen würde. Zeitlich sei es knapp, aber vor allen Dingen hinderte ihn die unzureichende Möglichkeit, ein öffentliches Statement vorzubereiten, das doch gewiss Zweck der Zusammenkunft wäre. Klaus Fuchs nahm teil, er gehörte inzwischen dem oberen Parteigremium der SED, dem Zentralkomitee, an. Aber das fiel bei dem Treffen wohl weniger ins Gewicht als seine Vergangenheit. Robert Jungk sprach es aus und zeigte sich in einem Interview beeindruckt von der Anwesenheit des legendären Atomspions. Die Geschicke dieser Monate ließen die Möglichkeit ungenutzt, dass sich Weizsäcker und Fuchs als Atomphysiker und zugleich Handelnde im Streben nach Atomwaffen, um deren Folgen es hier eigentlich ging, zum ersten Mal begegneten. Eine zweite Möglichkeit würde es nicht mehr geben.

Fuchs' Statement auf diesem Treffen war einer der seltenen öffentlichen Auftritte von ihm. In wenigen Tagen feierte er seinen 70. Geburtstag. Ihn drängte es, vor all den Anwesenden, die seine Geschichte kannten, einen Blick zurück auf den Beginn des verhängnisvollen nuklearen Rüstungswettlaufs zu werfen, in dem sich auch sein ganz persönliches Handeln bewegt hatte. Er erzählte von der Zäsur, die damals Roosevelts Tod für den Gebrauch der Waffe bedeutet hatte, aber auch für die Initiative Niels Bohrs, Vertrauen zu schaffen, indem die Geheimhaltung aufgegeben wird. Vertrauen wäre die Grundlage für einen sicheren Frieden, atomare Abschreckung wäre es nicht. Auch darum hatte man sich hier getroffen. Dann beschrieb er die gegenwärtige Gefahr, bei der sich das Überlegenheitsstreben der USA und die sowjetischen Verteidigungsinteressen gegenüberständen. Das war ungefähr das Gegenteil von dem, was Weizsäcker diagnostiziert hätte, wenn er anwesend gewesen wäre. Natürlich konnte man eine gemeinsame Abschlusserklärung nicht finden. Über die Bedrohungslage war man sich unter den 100 Teilnehmern einig, über deren Ursachen nicht.

Zur gleichen Zeit, als das Berliner Treffen stattfand, liefen zwischen den beiden Großmächten in Genf schwierige Verhandlungen zum Konflikt über die Mittelstreckenraketen. Eine Lösung lag noch in weiter Ferne, aber zu gern wollte Weizsäcker sich mit seinen Vorschlägen und seinem Wissen einbringen.

Von Starnberg nach Tutzing, wo sich die Evangelische Akademie befand, führten mehrere Wege. Man konnte die Nähe zum See suchen, musste dann aber quer durch die Stadt. Oder man wählte einen etwas längeren Umweg und folgte eine Weile dem stillen König-Ludwig-Weg, bevor es dann links nach Tutzing abging. Seit 1970 gehörte dieser Abschnitt zu einem sehr viel längeren Fernwanderweg, der bald nach seiner Einrichtung gut genutzt wurde.

Ein Mann ist auf ihm unterwegs, dort, wo der Weg sich an den Maisinger Bach anschmiegt, etwa im gleichen Alter wie Weizsäcker. Forsch schreitet er voran. Sein Kopf wie immer übervoll von Gedanken. Manchmal kommt ihm anderes in den Sinn und stört die Kreise, über die nachgedacht werden muss. Das ist etwas ärgerlich, lässt sich aber kaum abstellen. Es sieht nicht gut aus mit dem Frieden, diese Erkenntnis treibt ihn um. Beunruhigung, vielleicht auch Ängste, schärfen die Aufmerksamkeit und den Widerstand der Leute. Also Darlegung der Gefährdungen und dann Wege zu ihrer Überwindung anbieten. Wenn es solche Wege gibt, also solche, die nicht einfach nur aus Gerede bestehen, sondern gangbar sind. Autorität, Glaubwürdigkeit und einen Schuss Berühmtheit braucht es. Und wie schnell kann so eine Chance verspielt werden.

Der Märchenkönig, Namensgeber des König-Ludwig-Weges. Was hat das mit der aktuellen Politik zu tun? Drüben, am anderen Ufer vom See, ist er in den Tod gegangen. Die Reduktion dieses Monarchen auf seine Leidenschaften und sein Ende verdient Beachtung. Natürlich verstellt sie den Blick auf seine Regentschaft, aber vielen Leuten reicht das Märchen-Etikett, so falsch es sein mag. Seine Märchenschlösser sind übrig gebliebene Realität dieser Jahre, reale Märchen in Stein gesetzt. Mit Bismarck hat er sich am Ende arrangiert. Aber vorher, 1866, hat es einen schlimmen Krieg gegeben, den die Preußen gewannen. Dann entstand das Kaiserreich unter preußischer Führung. Jetzt wurde die Außenpolitik plötzlich zur Innenpolitik. Konflikte wurden von jetzt an innerhalb der deutschen Länder nicht mehr kriegerisch, sondern per Verfassung entschieden. Hat die Einheit damals für Bayern Gutes bewirkt? An der Kaiserkrönung in Versailles hat Ludwig nicht teilgenommen. Aber seine Briefe an Bismarck in den Jahren nach der Kaiserkrönung sind aufschlussreich. Das föderative Prinzip müsste die Grundlage der neuen Ordnung bilden, schreibt er. Das war klug formuliert. Wenn nur einer sagen konnte, was getan werden darf, wäre es mit der Konfliktlösung nicht weit her. Auch vom Frieden schrieb der Bayernkönig immer wieder: »Möge der gemeinsame Wunsch der Erhaltung des Friedens Verwirklichung finden«, schrieb er 1876. Und 1880: Er habe mit hoher Befriedigung aus seinem Brief »den Glauben an die Sicherheit des Friedens ersehen«. 1883 teilte er dem Reichskanzler mit, er habe seinem Schreiben mit Genugtuung entnommen, dass keine Anzeichen vorhanden wären, »welche eine nahe Gefahr für den europäischen Frieden befürchten lassen«. Schöne Zeit! Das war auch etwas, das angestrebt werden sollte: die Nähe zu Staatsmännern und Politikern, zu Vordenkern, selbst als solcher wirken, Weltinnenpolitik als Programm. Gerade kam ihm etwas in den Sinn, von dem er noch nicht wusste, ob es sich lohnen würde, weiter im Geist zu graben.

Der Gedankenflug war vorüber – im Netzwerk der Mächte fanden Weizsäckers Intentionen wohl Gehör. Am 1. März 1982 wurde die Evangelische Akademie in Tutzing Schauplatz eines nicht öffentlichen Meinungsaustauschs. Ein hohes Mitglied der KPdSU, Leonid Samjatin, und der Unterstaatssekretär im US State Department, Richard Burt, hatten sich für dieses Treffen angesagt. Carl Friedrich von Weizsäcker hielt ihnen an diesem Tag einen Vortrag über seine Sicht zum Thema »Möglichkeiten und Probleme auf dem Weg zu einer vernünftigen Weltfriedensordnung«.

Seit Kriegsende ruft jeder 13. Februar die Dresdner zum Gedenken und Innehalten auf. Das war auch 1971 so gewesen, als in Dresden Klaus Fuchs einen Anruf seines Neffen erhielt, dass der Großvater an diesem Tag friedlich eingeschlafen sei. Klaus Fuchs wohnte mit seiner Frau

Carl Friedrich Freiherr von Weizsäcker, 1980er-Jahre

Grete schon seit einigen Jahren in einer Wohnung am Altmarkt. Das Paar hatte die Villa in der Nähe des Körnerplatzes verlassen und sich verkleinert. Die Räume besaßen immer noch einen großzügigen Schnitt, in die oberen Etagen gelangten die Bewohner leicht mit einem Fahrstuhl. Von hier oben konnte man auf die Kreuzkirche auf der anderen Seite des Altmarkts schauen. Die freie Sicht gab es erst seit den Bombenangriffen vom 13. Februar. Davor stand die Kreuzkirche in einer Nische von

Gebäuden eingeschlossen, die das Carré des Altmarktes formten. Das Haus war schon in den 1050er-Jahren entstanden, als in Dresden mit dem Wiederaufbau begonnen wurde und bald der erste Teil des einstigen Altmarkt-Carrés neu emporwuchs. In der Wohnung am Altmarkt empfing Fuchs jetzt seine Gäste: Fachkollegen, selten einmal einen Journalisten. Begehrlichkeiten, die seine Geschichte betrafen, wurden abgelehnt oder, ganz selten, mit dem Hinweis beschieden, dass man in Moskau ein Einverständnis einholen müsste.

1985 hatte Michail Gorbatschow die Macht in der Kommunistischen Partei übernommen. Die westliche Welt und die Völker des Ostens waren von ihm und vor allen Dingen auch von seiner Frau Raisa eingenommen. Durch die internationale Politik wehte ein frischer Wind. Die Verhandlungen über die Mittelstrecken-Nuklearstreitkräfte, wie es genauer hieß, hatten sich gut entwickelt. Bald würde es eine Lösung geben. Von seinem Alterssitz aus verfolgte Klaus Fuchs das bewegte Weltgeschehen, das ihn bald in seinem Fach noch einmal herausfordern sollte. Gorbatschow stand gerade mal ein Jahr an der Spitze seiner Partei, da brach die Katastrophe von Tschernobyl über Europa herein. Sie wurde zum Katalysator historischer Prozesse: für das Zerbrechen der Sowjetunion im Osten und für das langsame Sterben der Kernenergie in Deutschland. Fuchs bewegte das Ereignis in der Seele. Er wird sich vielleicht an seine Prognose von damals in Harwell erinnert haben, als er meinte, alle Kraftwerke der Welt würden bis 1980 mit modernen Kernreaktoren ausgestattet sein. Dazu hatte ihn seine Begeisterung damals verführt. Am Nutzen der Kernenergie hielt er aber noch immer fest. Er misstraute allerdings jetzt mehr als vorher Behauptungen über eine nahezu 100-prozentige technische Sicherheit. Der Mensch blieb immer ein Risiko. Tschernobyl hatte es wieder gezeigt. Er dachte zurück an die Zeit in Los Alamos und an seinen Kollegen Louis Slotin, der geglaubt hatte, den »Drachen kitzeln« zu können.

Fuchs hatte den kanadischen Physiker damals, einen Tag vor jenem Unglück, am 30. Mai 1946 getroffen. Man tauschte ein paar Worte, die Arbeiten liefen in diesen Monaten entspannt. Slotin erwähnte kurz sein Experiment mit den Plutonium-Halbkugeln. Eigentlich sollte es eher eine Vorführung werden, denn andere Kollegen, die von dem teuflischen

Plutonium immer nur gehört hatten, waren neugierig gewesen und hatten sich als Beobachter angesagt. Es ging nicht um viel. Routine für Slotin. Die übereinander platzierten Halbkugeln wollte er langsam bis auf einen kleinen Abstand zusammenführen und dadurch eine beginnende Kettenreaktion demonstrieren. Es kam anders: Die Halbkugeln fielen aufeinander, weil Slotin seinen Schraubenzieher, den er als Distanzhalter benutzt hatte, nicht festhalten konnte. Blaues Licht und Hitze umgaben das Plutonium, das für kurze Zeit einen überkritischen Zustand erreicht hatte. Louis Slotin hatte eine tödliche Strahlendosis erhalten. Fuchs hatte damals den Auftrag, den Vorgang theoretisch zu untersuchen. Er musste die Kettenreaktion und den kurzen Sprung ins Überkritische erklären. Und dann musste er noch herausfinden, warum nicht noch viel Schlimmeres passiert war. Das alles war 40 Jahre her, aber dieser tragische Unfall blieb ein Menetekel. Man konnte unsicher werden bei dem Anspruch, die Kernenergie beherrschen zu wollen, denn Beherrschung hieß, dass der Mensch im Spiel ist. Nur die fortwährende Ausbildung der Betreibermannschaft, durch die jede Fehlhandlung ausgeschlossen bleibt, könnte helfen.

Die Kernenergie gehörte zu seinem Lebenswerk, sie war nicht das einzige Werk, gewiss nicht. Die neuen Verhältnisse durch Glasnost und Perestroika hatten in der Sowjetunion viele Dinge verändert. Fuchs wird davon gehört haben, dass von einigen seiner Physikerkollegen dort Schritte unternommen wurden, etwas für ihn zu tun. Vor allem der legendäre Juli Chariton, der als einstiger Cheftheoretiker bestens um seine Verdienste Bescheid wusste, bemühte sich, dass Fuchs endlich eine offizielle Anerkennung durch sein Land zuteilwürde. Er bekam es dabei allerdings mit einer Reihe alter Kernphysiker zu tun, die ihre Verdienste dadurch geschmälert sahen.

Hin und wieder ließ sich Fuchs noch in Rossendorf sehen. Dort gab es neben dem Forschungsalltag eine Gruppe, die sich rege um die Organisation kultureller Veranstaltungen kümmerte. Einmal besuchte Fuchs eine Ausstellung, sah sich die Bilder an und fragte den Maler befremdet, was sie denn ausdrücken sollen. Fuchs gehörte nicht gerade zu den Kunstkennern. Die Naturwissenschaften waren sein Zuhause. Und es ist kaum übertrieben, wenn man sagt, dass alles, was ästhetisch über den

Klaus Fuchs, 1980er-Jahre

von seiner Partei forcierten sozialistischen Realismus hinausging, sich ihm nicht erschloss.

Es gab kaum noch festere Verbindungen zwischen Klaus Fuchs und den ehemaligen Genossen aus der Emigration. Er selbst ließ einen Bruch zwischen seinem ersten und seinem zweiten Leben nicht gelten. In der gedachten Kontinuität beschwor er die Einheit von kommunistischer Überzeugung und wissenschaftlicher Arbeit. Auch die belastende Täuschung von Kollegen und Freunden in der Emigration hatte er in diese Einheit im Nachhinein eingebunden. Als Leitgedanke diente ihm die

Formel von Anbeginn, etwas zu lernen, was für das sozialistische Deutschland nützlich sein würde. Aber mehr noch als alles andere regierte sein hoher fachlicher Intellekt, den der Mitarbeiterstab in Harwell einmal als einzigartig rühmte, weiter. Er blieb Mathematiker und Physiker, auch wenn er die marxistisch-leninistische Philosophie für sich immer wieder neu entdeckte, um den Herausforderungen und Rätseln der gesellschaftlichen Praxis beizukommen. Das dürfte ihm nicht immer gelungen sein. Im Zweifelsfall neigte er dazu, die »reine Lehre« zu verteidigen, in der er sein politisches Vermächtnis aufgehoben sah. Er hatte sich verändert. Das Ethos seines freien Geständnisses, seine damaligen Zweifel und der Plan, aufzustehen und der »russischen Regierung« zu sagen, was falsch lief, blieben in seinem zweiten Leben unsichtbar. Aber die beschworene Kontinuität im Glauben an und im Handeln für die Sache des Kommunismus ließ sich nicht nur als die Festigkeit deuten, die es vorzuweisen galt, sondern sie könnte auch das Verhüllende gewesen sein, hinter dem sich verbarg, dass am Übergang zwischen beiden Leben des Klaus Fuchs etwas zerbrochen war.

Seine Gestalt war groß und schlank noch immer. Das Haar wurde zusehends schütterer. Womit man sich so im Alter beschäftigte, dem ging auch Klaus Fuchs jetzt nach: sich seinem Lieblingsthema widmen, wenn es die Kräfte erlaubten. Dieses Thema kannte er, seit er es damals bei Nevill Mott zu studieren begann. Die Quantenmechanik hatte ihn ein Leben lang begeistert und herausgefordert. Anlässlich des 100. Geburtstags von Niels Bohr verfasste er einen theoretischen Beitrag für eine Fachzeitschrift, den er auch an Freunde und Bekannte verschickte. Die Quantentheorie, so exotisch sie vielen erschien, konnte mit dem Leben sehr verwandt sein: Beide stecken voller Rätsel. Am 8. Dezember 1987, so erfuhr Fuchs noch, wurde der INF-Vertrag zum Abbau der Mittelstreckenraketen unterschrieben. Das war eine beruhigende Botschaft für ihn. Die andere, auf die er vielleicht noch gehofft hatte, blieb aus: Am 28. Januar 1988 verließ Klaus Fuchs die Bühne der atomaren Welt. Er hatte in den knapp 30 Jahren seit seiner Ankunft in der DDR fast alle Ehrungen erhalten, die das Land aufzubieten hatte. Von der Sowjetunion erhielt er keine.

Auf dem Friedhof in Berlin-Friedrichsfelde am Pergolenweg, der Gedenkstätte für die Kämpfer der Linken, wurde er beigesetzt. An der Trauerfeier nahmen neben der Familie Wegbegleiter seines zweiten Lebens teil und zur Freude der Witwe auch ein stiller Bote des KGB. Es schien, als hätte sich Julius Caesar in diese Szene eingemischt mit seinem Lob des Verrats und der Geringachtung des Verräters. Im Urteil des KGB wog am Ende sein Geständnis vor den britischen Behörden, mit dem ein Codex des Geheimdienstes gebrochen wurde, wohl schwerer als seine freigewählte Berufung für das atomare Gleichgewicht, mit der ein exklusives Physikerleben zur Disposition gestellt worden war.

Als Klaus Fuchs starb, erfreute sich Weizsäcker einer ungebrochenen Schaffens- und Publikationsfreude. Wenige Wochen nach dem Tod von Fuchs schrieb Weizsäcker einen harschen Antwortbrief an eine Mitbegründerin der Aktionsgruppe »Mütter gegen Atomkraft« in der Bundesrepublik. Die Zeilen lasen sich wie ein Versuch, den Glauben an die Kernkraft, den beide Physiker kraft ihres Fachwissens nie aufgegeben hatten, bewahren zu helfen. Als einzige substanzielle Sorge führte Weizsäcker die Gefahren durch Kriegseinwirkungen ins Feld. Dass die Vermeidung von Unfällen nicht möglich sein sollte, wollte er auch nach Tschernobyl nicht glauben. Und schließlich hielt er die Abkehr von den fossilen Brennstoffen für weitaus dringender, als die Nutzung der Kernenergie zu beenden. Das waren Auffassungen, die Fuchs nicht anders beschrieben hätte.

Carl Friedrich von Weizsäcker – auch das gehörte noch zur Vorgeschichte des politischen Bebens, das bald stattfinden sollte – wurde in beiden deutschen Staaten mit Ehrungen bedacht. Im März 1987, kurz vor seinem 75. Geburtstag, verlieh ihm die Universität Leipzig, an der er einmal als Student und Assistent Werner Heisenbergs seine wissenschaftliche Karriere begonnen hatte, die Ehrendoktorwürde. Diese Universität war auch der einzige Ort, an dem sich die Lebenslinien von Weizsäcker und Fuchs jemals kreuzten.

Zwei Jahre hielt das seltsame Schweigen über Fuchs in der DDR noch an. Dann verschwand es im Rausch medialer Offenbarungen, die jetzt im Vorfeld des vereinigten Deutschlands und bald in ihm vorgetragen werden konnten. Wer der Frage nachging, weshalb Fuchs in der DDR erstaunlich unsichtbar blieb, findet kaum eine befriedigende Antwort. Die Tabuisierung seines epochalen Verrats wäre als ein Grund zu nennen. Wer so etwas mit Schweigen belegte, entzog sich, gewollt oder ungewollt, einer öffentlichen Bewertung. Diese Situation könnte für Fuchs eine dauernde stille Belastung gewesen sein. Die in seiner Partei gepflegte besondere Nähe zu Moskau mag dieser Tabuisierung zugrunde gelegen haben, sie erklärte aber kaum das ausnahmslose Schweigen der kulturellen Eliten. Die Top-Spionin Ruth Werner, hochdekoriert mit sowjetischen Auszeichnungen, hatte 1977 in der DDR unter dem Titel »Sonjas Rapport« ihre Agentengeschichte veröffentlicht. Das Buch fand unter jungen Leuten viel Resonanz. Ihre Treffen mit dem jungen Klaus Fuchs in England wurden darin nicht erwähnt. 1990 erzählte sie in einem Interview von diesen Treffen vor knapp 50 Jahren. Über ihr Schweigen im Buch konnte sie nicht viel mehr sagen, als dass es so sein musste.

1989 entstand ein aufwändiger Dokumentarfilm über »Die Väter der tausend Sonnen«, in dem zum ersten Mal Fuchs seine Geschichte erzählte. Er kam für ihn selbst zu spät, aber ein anderer, ein einstiger Vertrauter und Freund, durfte ihn noch sehen. Sir Rudolf Peierls, der in dem Film einen kurzen Auftritt hatte, war im April 1990 von der Crew zu einer Aufführung nach Berlin eingeladen worden. Der Über-80-Jährige unternahm im Alter viele Reisen. In Berlin war er geboren worden, hatte als Kind dort gelebt. Aber besonders die Sowjetunion, die einstige Heimat seiner Frau, hatte ihn jetzt immer wieder angezogen. Viel Begeisterung konnte Peierls für den Film nicht erübrigen, »er war ganz gut gemacht und weitgehend objektiv«. Was da geschildert wurde, gehörte auch mal zum schwereren Teil seines Lebens. Damals, als das Unerhörte geschah, hatte Genia mit Klaus im Briefwechsel gestanden. Genia war 1986, in den Tagen, als Perestroika und Glasnost begannen, gestorben. In Peierls Erinnerungen klang jetzt noch einmal ein Satz aus diesen Briefen nach: »Ich mochte dich so sehr und wollte so sehr, dass du glücklich bist, und jetzt wirst du es nie mehr sein.«

Es gab für Peierls eigentlich keine Neuigkeiten, außer der, dass er nach 40 Jahren seinen ehemaligen Mitstreiter und Freund, wenn auch nur auf der Leinwand, wiedergesehen hatte: sehr viel älter und verändert.

Der deutsch-britische Physiker Sir Rudolf Ernst Peierls in den 1980er-Jahren

Ihm wird aufgefallen sein, wie achtungsvoll Fuchs über Hans Bethe gesprochen hat, auch über Robert Oppenheimer für die Zeit, als er das Manhattan-Projekt leitete, und über Max Born sowieso. Auch die gemeinsame herausfordernde Zeit in Birmingham fand er erwähnenswert. Nun, mit 83 Jahren, vertraut er seinem Tagebuch unter dem 1. April 1990 an, was er nicht vergessen wollte – die Worte von Herbert Skinner, Fuchs' Vorgesetztem und Freund in Harwell, die er ihm in großer Not gesagt hatte und mit denen er damals sein Schweigen brach: »There are suspicions around about you, but if you assure me they are unfounded, I shall fight for you« – sag mir, dass alles nicht stimmt, und ich werde für dich kämpfen.

Peierls wurde Zeuge des friedlichen Umbruchs in Deutschland. Die Wahl zur Volkskammer der DDR hatte vor zwei Wochen stattgefunden. Er verstand die Diskussionen um das Ergebnis, das den Weg zur deutschen Einheit eröffnen würde. Doch manches verstand er auch nicht, und dazu gehörte ein Dokument im Vorspann des Films: der Brief des einstigen SED-Chefideologen Kurt Hager, in dem stand, dass ein Film über Klaus Fuchs nicht erwünscht sei. Auch deshalb stellte er sich immer wieder Fragen: »Ich weiß nicht, ob Klaus Fuchs in der DDR tatsächlich die strahlende Zukunft der ganzen Menschheit gefunden hat oder nicht. Hat er jemals die Konsequenzen seines früheren Lebens bereut? Was würde er jetzt sagen, wenn es die DDR nicht mehr gibt? Ein ausgezeichnetes Thema für ein psychologisches Drama.«[11]

Diese Fragen, die Peierls hier bewegten, führen noch einmal an den Anfang zurück, zu jener Stunde, als er seinen Freund Klaus im Gefängnis besuchte und zur Rede stellte. Dieser Besuch war im Film nicht erwähnt worden und auch der Briefwechsel mit Genia nicht, natürlich nicht. Sein Handeln wollte Fuchs schon damals als Teil des großen Systemkonflikts verstanden wissen, obgleich er Zweifel dabei nicht ausgeschlossen hatte. Im zweiten Leben von Klaus Fuchs existierte jenes Leiden an der »doppelten Loyalität«, von dem Norris Bradbury, der spätere Leiter von Los Alamos, einmal mit Blick auf Fuchs gesprochen hatte, nicht mehr. Diese Bereinigung hatte ihren Preis gefordert. Es blieb dann nur noch die eine Loyalität, und sie war in den drei Jahrzehnten des zweiten Lebens, in denen Fuchs in den obersten Zirkeln der SED und der DDR-Wissenschaft Aufnahme und Anerkennung gefunden hatte, nur noch stärker geworden. Die Zeichen der Zeit, als sich in der ersten Hälfte der 1980er-Jahre in der Sowjetunion eine Art Agonie abzuzeichnen begann und zudem mit der Stationierung der Pershing-II-Raketen existenzielle Bedrohungsängste aufkamen, dürften kaum Gedanken an Reue und Zweifel, sondern viel eher die Treue des Parteigenossen befördert haben. In dem »psychologischen Drama«, das Peierls antizipierte, würden der Untergang der DDR und das Scheitern des Kommunismus gewiss als furchtbare Niederlage des Protagonisten Fuchs dargestellt werden müssen und nicht als tragischer Irrtum einer Lebensentscheidung. Dennoch könnte Genias Prophezeiung stimmen. Denn wahr ist und bleibt, dass dieser überragende, junge Geist seines ersten Lebens, der ihn einst trug und in den besten Wissenschaftlergruppen zu Hause sein ließ, auf dem Höhepunkt seiner vitalen Kreativität eine verheerende Zäsur hinnehmen musste.

Eine jener seltsamen Fügungen, die hin und wieder auftreten und dann für Staunen und Nachdenklichkeit sorgen, ereignete sich in Berlin an diesem 1. April 1990. Während Sir Rudolf Peierls sich mit dem Film über Klaus Fuchs und die Atomgeschichte befasste, was kaum jemanden interessierte, wandte sich Carl Friedrich von Weizsäcker im prächtigen Apollosaal der Staatsoper Unter den Linden der Zukunft zu. Dieses Thema liebte er. Man hatte ihn eingeladen, in der Reihe »Nachdenken über Deutschland« zu reden, und er wählte als Vortrag seine Überlegungen zu den »Bedingungen der Freiheit«, in denen er den Blick auf die deutsche und europäische Vereinigung richtete. Weizsäcker war ein viel gefragter Mann im Osten geworden, ein geschätzter Gast bei den Kirchentagen, aber auch in der Wissenschaft an der Akademie der Leopoldina in Halle. Seine maßvollen unterstützenden Worte fanden Anklang. Frieden und Abrüstung blieben für ihn dabei immer ein großes Thema. Das dürfte auch die Brücke gewesen sein, die es sogar dem SED-Vorsitzenden Erich Honecker im Sommer 1987 erlaubte, Weizsäcker zu seinem 75. Geburtstag zu gratulieren. Knapp drei Jahre später redete er nun im Apollosaal zu einem erwartungsvollen Publikum, für das die Zukunft nicht offener sein konnte.

Der Physiker, Philosoph und Friedensforscher, dem man im Westen einmal das Etikett angeheftet hatte, Lehrer der Nation zu sein, befand sich auf gutem Wege, dieses Etikett auch im Osten zu erringen.

Und noch ein anderes Projekt trieb den Friedensforscher in diesem Jahr um. Er hatte vor einiger Zeit eine Gruppe Mitstreiter zusammengerufen, darunter die Physiker Edward Teller und Hans Bethe, und ihnen noch einmal die Frage nach den »Bedingungen des Friedens« vorgelegt. Anders als bei seiner Rede zum Friedenspreis, als der Weltfrieden im Blick stand, sollte jetzt von den Autoren über Europa nachgedacht werden. Im Mittelpunkt stand das Problem, wie gefährliche, begrenzte Kriege vermieden werden könnten. Die Diskussionsbeiträge gingen auf Überlegungen zurück, die der Friedensforscher Horst Afheldt in den 1970er-Jahren entwickelt hatte. Wenn ein Waffensystem installiert werden könnte, das nur auf Verteidigung beruhen, aber einen Angriff nicht zulassen würde, könnte das Grundmotiv für ein Wettrüsten wegfallen. Dieser eingängige Gedanke wurde aufgegriffen und immer wieder auf seine mögliche Wirkung und Umsetzung überprüft. Hans Bethe führte das im Buch genauer aus und meinte, dass sich nicht nur namhafte Theoretiker im Westen damit befassten. Es wäre Gorbatschow im Osten gewesen, der die Idee weiterverfolgt und angekündigt hätte, die Streitkräfte für reine Verteidigungsaufgaben umzuformen. Über 30 Autoren hatten ihre Gedanken aufgeschrieben und ein Panorama der Möglichkeiten »für die Zukunft des Friedens in Europa« entworfen. Es vergingen nur Monate, bis mit den Konflikten im zerfallenden Jugoslawien die tatsächliche Tragweite solcher Gedanken genauer bemessen werden konnte.

Die Entspannung zwischen Ost und West förderte in den 1990er-Jahren ununterbrochen neue Einsichten zutage, weil bisher verschlossene und geheime Dokumente zugänglich wurden. In Russland wurden einige der Nachrichten veröffentlicht, die Fuchs in den 1940er-Jahren übergeben hatte. Man wusste jetzt noch genauer, welchen Beitrag er geleistet hatte. In einem englischen und einem deutschen Verlag erschienen 1993 in Transkription die Mitschnittbänder der Farm-Hall-Gespräche. Weizsäcker war bei dem Gedanken an ihre Veröffentlichung nie ganz wohl gewesen. Schon 1981, als die Existenz der Bänder bekannt wurde, hatte er an Edward Teller geschrieben, diese mögen für einige Jahrzehnte am besten noch da bleiben, wo sie sich gerade befanden. Jetzt stand er allein da, der als Beteiligter auf Fragen über die Pläne des Uranvereins und über das schwierige Treffen mit Niels Bohr etwas erzählen konnte. Er hatte in seinen zahlreichen Büchern immer wieder an geeigneter Stelle seine Sicht der Dinge dargelegt. Hinter dieser sich wiederholenden Beschäftigung mit dem ungeliebten Thema darf zu Recht vermutet werden, seine Sicht in der historischen Rückschau festschreiben zu wollen.

Robert Jungk meldete sich in diesem Jahr 1993, angeregt durch die veröffentlichten Mitschnitte von Farm Hall, noch einmal zu Wort. Er griff das Geschehen auf, das ihm in den 1950er-Jahren bei der Darstellung der deutschen Atomphysiker unter Hitler so viel Kritik von Fachleuten eingebracht hatte. Sein historisches Wunschdenken, das damals, wie er selbst zugab, die Feder geführt hatte, rührte aus den Verstrickungen, denen die Entwickler der Atombombe in den USA seit Hiroshima und Nagasaki ausgesetzt waren. Man hätte anders handeln können, wenn selbst unter dem Hitlerregime anders gehandelt wurde, lautete damals sein Vorwurf. Das sollte heißen, dass Heisenberg und Weizsäcker damals genug Courage besessen hatten, den Bau einer deutschen Atombombe zu verzögern oder sogar zu verhindern. Diesem Befund lagen Auskünfte der beiden Physiker zugrunde, erläuterte Jungk. Als dann diese passive Variante zunehmend an Glaubwürdigkeit verlor, änderten sich ihre

Interpretationen, und Jungk blieb mit seiner irrigen Geschichte, die man ihm sogar als eigene Idee anlastete, allein. Noch 1993 sprach Bitterkeit aus seinen Worten und eine große Enttäuschung über den einst verehrten Weizsäcker.

Für eine neue Generation von Historikern und Journalisten war die Frage, ob deutsche Physiker eine Atombombe für Hitler bauen wollten, noch keineswegs erschöpfend beantwortet worden. Für die deutsche Ausgabe der Farm-Hall-Protokolle stellte sich Weizsäcker nun den bohrenden Fragen von drei ausgewiesenen Kennern der Geschichte. Die Bemerkungen von Max von Laue wurden angesprochen, der dem Kern des Uranvereins Legendenbildung nachgesagt hatte, als die Version aufkam, man habe den Bau der Bombe bewusst hintertrieben. Auch die allzu freundliche Darstellung in Jungks Buch »Heller als tausend Sonnen« kam zur Sprache. Schließlich die Reise von Weizsäcker und Heisenberg nach Kopenhagen im September 1941 und die Gespräche mit Niels Bohr. So ein Interview belastete bis zum Schluss. Erschöpfende Antworten waren auch nur schwer möglich. Warum dauernd über die Vergangenheit reden?, gab Weizsäcker zu bedenken. Er hatte gesagt, was zu sagen war. Er räumte ein: »Es kann sein, dass ich irgendwo bewusst gelogen habe, es kann sein, dass ich verdrängt und unbewusst gelogen habe.«[12] Eigentlich müsste er über das reden, was heute in Russland geschieht, und nicht über das, was vor 50 Jahren in Farm-Hall geschah. Solche resignierenden Worte hörte man von ihm nicht oft. Sein Wunsch war, mit seinem universalen Wissen, seinen Zeitreflexionen wahrgenommen zu werden. In dieser Absicht hatte er sein großes und auch letztes Werk vorgelegt, »Zeit und Wissen«. In ihm wurden auf über 1.000 Seiten all die Themen und Rätsel zur Diskussion aufgeboten, die ihn immer interessiert hatten: Mathematik und Logik, Quantentheorie und Philosophie, Mensch und Religion. Und obgleich es in diesen anspruchsvollen Kontext nicht zu passen schien, hatte er auch noch »das entsetzliche Missverständnis« bei der Anklage gegen seinen Vater eingeflochten.

Im Mai 1998 wurde in London das Theaterstück »Kopenhagen« des englischen Dramatikers Michael Frayn uraufgeführt. Ein Jahr später folgte im Essener Grillo-Theater die deutsche Erstaufführung. Sogar am

Broadway wurde das Stück gespielt. Niels und Margrethe Bohr auf der einen Seite und Werner Heisenberg auf der anderen waren die handelnden Personen des Stücks. Der Autor versuchte mithilfe dreier Versionen über das legendäre Treffen zwischen Heisenberg und Bohr im September 1941 der Wahrheit näherzukommen. Das Publikum bedachte das Stück mit einem überwältigenden Interesse. Die Fachwelt reagierte, es fanden Debatten unter Historikern statt. Erben schalteten sich ein, ein Sohn Heisenbergs veröffentlichte im Jahr 2000 Material über seinen Vater im Internet. Das Niels-Bohr-Archiv tat im Jahr 2002 das Gleiche mit den zahlreichen berührenden Briefentwürfen von Bohr an Heisenberg, von denen nun die Welt erfuhr.

Diese enorme Resonanz ließ sich nicht einfach auf die Neugier des Publikums und der Fachwelt reduzieren, über ein Ereignis der Vergangenheit die Wahrheit herausfinden zu wollen. Dieses Vergangene, das den Anfang des atomaren Verhängnisses barg, gehörte inzwischen zur kulturellen Tragschicht der Gegenwart. Es umfasste auch das Ungeklärte im wissenschaftlichen Tun mit seinen unübersehbaren Resultaten.

Die »deutsche Atombombe« blieb ein Thema, das die Menschen weiterhin bewegte. 2005 erschien das Buch »Hitlers Bombe«, in dem unter anderem auch das Dokument von Weizsäckers Patentanmeldung aus dem Jahr 1941 vorgestellt wurde. Diese Anmeldung skizzierte die grundsätzlichen Schritte zum Bau einer Bombe unter Verwendung des Elements 94, Plutonium. Als Autor wurde Weizsäcker auch genannt. Unter den verschiedenen Reaktionen tauchte schnell der Vorwurf der Lüge auf, weil Weizsäcker das Patent nie erwähnt hatte. Das Wissen um seine Existenz lag allerdings spätestens seit den Farm-Hall-Protokollen vor. Karl Wirtz hatte es damals im Gespräch erwähnt. Doch eine Antwort gab es nicht mehr. Carl Friedrich von Weizsäcker stand inzwischen im 93. Lebensjahr. Man durfte für den Hochbetagten eine altersbedingte und wohl auch inhaltliche Müdigkeit annehmen. Er hatte vier Jahrzehnte Rede und Antwort gestanden. Seine Einlassungen zur Deutung des deutschen Uranprojekts und des Treffens mit Bohr hatten die Ergebnisoffenheit der Diskussionen nicht verhindert. Er mühte sich um die Rechtfertigung seines Vaters und wollte die Befunde von Historikern nicht akzeptieren. Am Schluss seines Buches »Zeit und Wissen« fügte er noch ein eigenes Gedicht über ihn an, die letzte Strophe lautet so:

»Dein sterblich' Leben reißt der Strom der Rache
In seine Wirbel, und im tiefsten Schmerz
Kämpfst du noch einmal für des Friedens Sache.
Doch tieferer Friede füllt bereits dein Herz.«[13]

Am 28. April 2007 im Alter von fast 97 Jahren starb Carl Friedrich von Weizsäcker in seiner selbstgewählten Heimat am Starnberger See.

4.3 Letzter Auftritt

Mit Carl Friedrich von Weizsäcker endet das epochale Atomspektakel des 20. Jahrhunderts. Er hat alle, die die Atom- und Kernphysik schufen oder zu ihrer Vertiefung und Anwendung etwas zu sagen wussten, überlebt. Hans Bethe, einer der letzten, für den er die Laudatio zur Verleihung des Ordens Pour le Mérite für Wissenschaft und Künste hielt und den er seinen Freund nannte, starb 2005 fast 100-jährig.

Ein Foto ist überliefert von dieser denkwürdigen Ehrung in der Aula der Universität Bonn am 10. Juni 1986, als Hans Bethe vom Podium seine Dankesworte spricht. Neben ihm der Laudator. Zwei großartige Physiker stehen hier zusammen, die Bahnbrechendes für das Verständnis des Sonnenfeuers geleistet haben. Miteinander bekannt sind sie seit Jahrzehnten, freundschaftlich verbunden erst seit Monaten. Carl Friedrich von Weizsäcker hatte vorher in seiner Laudatio über die Atombombe gesprochen, an deren Entwicklung Bethe, wie man wusste, führend beteiligt war. Auch die gemeinsame Forderung, Kriege zu verhindern, hatte er erwähnt, die aus der Existenz dieser furchtbaren Waffe erwachsen war. Bethe, der wie Fuchs 1933 nach England emigriert war, erwähnte das Thema mit keinem Wort. Er fand es in diesem Rahmen wohl zu groß und zu schwierig, um es in wenigen Sätzen streifen zu können.

Die Szene lässt ein anderes Bild aufscheinen. Auf ihm taucht neben den beiden berühmten Zeitgenossen auf der Bühne weiter hinten ein Dritter auf, Physiker auch er. Kaum erkennbar und vergessen, einer, der

zu dem kränkelnden Land nebenan gehört, das wenige Jahre später verschwunden sein wird. Einer, der einer Weltordnung sein Leben verschrieb, die bald kollabieren sollte. Einer, den Bethe aus den Tagen von Los Alamos sehr schätzte, den er genauer kannte als Weizsäcker und von dessen einstigem Hass auf die Deutschen unter Hitler er wusste. Diese Distanzierung hat Bethe nicht ganz vergessen. Vier Jahrzehnte sind seither vergangen, in denen die Welt vor einem Atomkrieg bewahrt wurde. Wer weiß von den Einsätzen all jener, die um dieses Ergebnis rangen?

Fuchs, der Altersgenosse Weizsäckers, starb einige Monate nach der feierlichen Ehrung für Hans Bethe, gerade 76 Jahre alt geworden. Seine Gesundheit war angegriffen, und auch die zehrenden Spannungen, die nie aufhörten, hatten ihm arg zugesetzt.

Zwanzig Jahre später stehen noch einmal all diese brillanten Köpfe aus den USA und aus dem Vereinigten Königreich auf der großen Bühne der Epoche; dann auch die, die in der Sowjetunion forschten und damals oder im späteren Russland starben. Auch die Physiker aus Frankreich und Deutschland zählen dazu. Sie alle müssen sich zusammendrängen, weil es so viele sind. Einem Regisseur, wenn es ihn gäbe, würde es schwerfallen, die Hauptdarsteller zu bestimmen. Sie müssten in der Mitte stehen bei der Verbeugung vor jenem Publikum, das Menschheit heißt. Sicher würden die Nobelpreisträger zuerst berücksichtigt werden. Aber diese Auswahl traf das schwedische Nobelkomitee. Es ist nicht die Auswahl der Geschichte. Die Geschichte kann das politische Wirken nicht vergessen, Stockholm schon.

Der Beifall des Publikums klingt verhalten. Die Kernwaffen, zu deren Entwicklung ein Teil dieser Physiker erfolgreich beigetragen hat und deren Abschaffung fast alle anstrebten und dabei alle scheiterten, sind nicht aus der Welt. Im Gegenteil. Nach dem jahrzehntelangen fragilen »Gleichgewicht des Schreckens«, das mit dem Ende des Kalten Krieges als überwunden galt, wird gerade heute wieder auf ihre abschreckende Wirkung gesetzt.

Während alle anderen abtreten, bleiben Klaus Fuchs und Carl Friedrich von Weizsäcker stehen, so als würden sie noch etwas sagen wollen. Allein stehen die beiden mit ihrem irrigen Glauben daran, Diktatoren zähmen zu können. Beide sind leicht gebeugt von den Jahren. Der eine mit schütterem Haar und schmalem Profil. Der andere mit wachen blauen Augen in einem gealterten Gesicht und dem weißen, wenn auch gelichteten Gelehrtenschopf.

Weizsäcker war gut bekannt mit Edward Teller, Hans Bethe, Victor Weisskopf, Robert Oppenheimer, Max Born – die alle auch auf der Bühne standen und einmal mit Klaus Fuchs zusammengearbeitet haben. Das Fuchs-Thema, zu verschiedenen Zeiten immer wieder aufgegriffen in den Medien, muss zwischen ihnen vorgekommen sein. Dennoch wird Fuchs von Weizsäcker in seinen zahlreichen Publikationen nie erwähnt.

Gewiss kann so eine Behauptung zukünftige Entdeckungen in Archiven nicht ausschließen. Überraschungen sind möglich, wie das Beispiel von Edward Teller, einem nahen Freund Weizsäckers, zeigte. Teller schrieb 1950 in einem Brief seine Gedanken auf, als der Verrat von Fuchs eben die Schlagzeilen der Weltpresse bestimmt hatte. Die Zeilen sind geeignet, vorherrschende Meinungen über Teller zu konterkarieren, denn sein Urteil über den jungen Kollegen aus Los Alamos mutete seltsam milde und verständnisvoll an. Er hob seine Jugend und seine bedingungslose Überzeugung hervor, dass der Kommunismus gegen die Nazis die einzige Hoffnung gewesen sei. Und noch 50 Jahre später bestätigte der gealterte Teller in einem Interview diese Milde. Vor solchem Hintergrund könnte Weizsäcker ein ähnliches Urteil abgeben.

Sie stehen beide auf dieser Bühne und wissen recht gut von dem Tun des anderen. Sie sind im gleichen Alter und vom gleichen Fach. Man könnte schnell mit guten Gründen anmerken, das sei schon alles, was an Gemeinsamkeiten auszumachen ist. Aber es gibt noch etwas, bei dem sie sich gleichen, eine tiefe Regung der Seele: die große Verehrung für ihre Väter.

Sie schließt Gegensätze nicht aus, wie man bei Klaus Fuchs und dem väterlichen Pazifismus erkennen kann. Fuchs hat an beiden Atombomben mitgewirkt, die Hiroshima und Nagasaki auslöschten. Er hat sein Wissen weitergegeben, was der Sowjetunion half, ihre erste Atombombe zu bauen, und ihr dann den Weg zur Wasserstoffbombe gewiesen. Er steht damit – wie die anderen – auch am Anfang einer verheerenden Entwicklung, die die militärischen Depots des Westens und Ostens mit Kernwaffen füllte. Er würde daher wohl nicht widersprechen, wenn jemand, wie es manche tun, meint, dass er mit seinem Verrat den Dritten Weltkrieg verhindert hätte. Victor Weisskopf, ein Freund von Weizsäcker und ein Kollege von Fuchs aus den Tagen von Los Alamos, fand den Gedanken jedenfalls »nicht gänzlich idiotisch«, dass es ohne das schnelle Gleichgewicht einen Dritten Weltkrieg hätte geben können. Das Wissen um die Anzahl der früheren Atomwaffen gehört inzwischen zum Grundlernstoff der politischen Bildung, und da mögen die Jahre des amerikanischen Atomwaffenmonopols für sich sprechen. Ende Juni 1946, ein knappes Jahr nach Hiroshima und Nagasaki, verfügten die USA über neun Atombomben, 1947 besaßen sie 13 und 1948 schon 56. Diese Anzahl wuchs bis Juni 1950 auf 298 Bomben. Ob Fuchs, der in diesen Jahren hoher Geheimnisträger war, diese Zahlen kannte, muss offenbleiben. Weizsäcker kannte sie jedenfalls nicht.

In den militärischen Planungen, die in Washington nach Kriegsende auf den Tisch kamen, avancierte eine atomare Luftoffensive zur bevorzugten strategischen Antwort im Falle eines Konflikts mit der eben noch verbündeten Roten Armee. Allerdings verhießen diese Planungen trotz des Einsatzes der monströsen Waffe keine endgültige Niederlage des Gegners, wohl aber Millionen zivile Opfer. Dann tauchte der Plan eines Präventivkriegs auf. Er kam von Winston Churchill, der in dieser Zeit keine Regierungsverantwortung trug und vorschlug, »die Dinge auf die Spitze zu treiben«, solange das Atommonopol existiert. Mit dieser Idee stand er keineswegs allein, nicht bei Politikern und Militärs und auch nicht in der Wissenschaft. Einer der Renommiertesten aus ihren Reihen, John von Neumann, Computerpionier und mathematisches Supergehirn (und, wie vorher schon erwähnt, Partner von Fuchs bei dem legendären Patent für die Wasserstoffbombe) soll aus spieltheoretischen Überlegungen einen solchen Präventivschlag begründet haben. Eine andere Bruchlinie tat sich durch den Umstand auf, dass die Verhandlungen in den neu gegründeten Vereinten Nationen zur Kontrolle der Atomenergie und zur Ächtung der Bombe nicht vorankamen. Die Reaktion der Sowjetunion auf das amerikanische Monopol konnte in dieser politischen Lage nur noch an der Frage hängen, wann es überwunden sein würde. Hier lagen alle Prognosen weit über dem Tag des ersten Tests am 29. August 1949. Fuchs' substanzieller Anteil an dieser Datierung des Erwartbaren wurde im Westen nicht zuletzt durch den Prozess gegen ihn bekannt. Moskau schwieg dazu.

In den 1990er-Jahren, als sich unter Präsident Boris Jelzin in Russland die Archive öffneten, erschien von dem ehemaligen Oberst des KGB, Wladimir Tschikow, ein Buch über die Atomspionage seines Landes, das eine Erklärung hätte liefern können. Fuchs wurde darin zwar erwähnt, aber mehr interessierte den Autor ein bisher unbekannter Akteur. Perseus, so sein Deckname, soll in den 1990er-Jahren noch in den USA gelebt haben, weshalb der wirkliche Name nicht genannt werden durfte. Er hätte neben Fuchs wesentliche Details über die Bombenentwicklung in Los Alamos an die Sowjetunion geliefert. Auch der Senior unter den amerikanischen Autoren zur Atomgeschichte, Richard Rhodes, hat 1993 in einem Interview mit Hans Bethe die Geschichte um Perseus aufgegriffen und diesem sogar Namen genannt, die seiner Meinung nach infrage kämen. Herausgekommen ist dabei nichts. Allerdings hatte Bethe in diesem Zusammenhang noch einmal unterstrichen, wie präzise die jetzt offengelegten Details waren, die den sowjetischen Physikern durch Fuchs zugänglich gemacht wurden. Die Geschichte um jenen mysteriösen Perseus könnte auch als später Versuch gelesen werden, den Gehalt der Informationen von Fuchs – und damit die Bedeutung seines Verrats – zu relativieren und durch die angedeutete Vielzahl der Spionagekanäle den Rang der Geheimdienste zu betonen. Denn eigentlich hatten sie im Falle von Fuchs nur die Rolle von Boten gespielt – nicht mehr und nicht weniger. »Perseus« trat auf in einer erregten Zeit, als die Geheimdienste und die Wissenschaft in der russischen Öffentlichkeit darum stritten, wem beim sowjetischen Atomwaffenprogramm der 1940er-Jahre der eigentliche Ruhm gebühre. Auch die unangefochtene Autorität dieses Atomprogramms, Juli Chariton, die rechte Hand von Kurtschatow, mischte sich damals in diesen Streit ein. Sein eindeutiges Fazit lautete, dass die erste sowjetische Atombombe eine Kopie der amerikanischen war. Drei Jahrzehnte später ist der richtige Name von Perseus, dem unbekannten Spion, noch nicht genannt worden – wenn er je gelebt haben sollte, ist er jetzt mit Sicherheit verstorben.

Man könnte daher das Gewicht der Informationen, die Fuchs lieferte, durch die Geschichte als bestätigt ansehen. Und dennoch: Ein befreiendes Ende ist das nicht. Die Vergeblichkeit, einen Abschluss mit diesem Kapitel ihrer Biografie und der Geschichte zu finden, ist all jenen Wissenschaftlern, die in den Sog militärischer Atomforschung für Massenvernichtungswaffen gerieten, vorherbestimmt.

Man muss bei dem verzweifelten Bemühen Weizsäckers, das Handeln der deutschen Physiker unter Hitler zu erklären, nicht so weit gehen und von Lüge sprechen. Auch wenn er selbst das einmal spontan getan hat. Aus der exkulpativen Formel vom »widerstrebenden Konformismus« im Dritten Reich erwuchs die Behauptung von der variantenreichen Zurückhaltung im Uranverein, an die Weizsäcker glaubte und die er mit Werner Heisenberg teilte. Sein Kollege Karl Wirtz war da ehrlicher und hob die fehlenden materiellen Möglichkeiten hervor, die Atombombe zu bauen: »Wenn wir die Möglichkeit gehabt hätten, hätten wir sie gemacht.«

Bei dem Versuch, diesen markanten Unterschied aufzulösen, geht es auch um die Bemessung von Verstrickung und Schuld. Doch könnte man da schon zu einem viel früheren Zeitpunkt ansetzen. Fuchs würde bei dieser Suche von der verstörenden Aura erzählen, die den immer wieder genannten Heisenberg umgab, während der Zeit beim britischen und später amerikanischen Atomprogramm. Man glaubte nicht, dass Heisenberg ein Nazi sei, meinte allerdings, dass sein genialer Geist von den Nazis benutzt werden könnte. So wurde – das wäre zumindest die Schlussfolgerung – Heisenbergs Entscheidung, während seiner Amerikareise im Sommer 1939 dem Drängen der Kollegen nicht nachzugeben und nach Deutschland zurückzukehren, zu einem Katalysator für den verhängnisvollen Weg zur Atombombe, den Klaus Fuchs und die anderen Emigranten gehen mussten.

Der Auftritt der beiden ungleichen Physiker, deren zwei Leben die Zerrissenheit ihrer Tage spiegeln, ist hiermit beendet. Ihre Taten, Legenden und Mythen werden im Raunen der Geschichte weiterwirken. Sie selbst können darauf keinen Einfluss mehr nehmen. Das ist nun mal so. Nur das Publikum hat noch die Möglichkeit, über sie zu urteilen. Wo ihre eigenen Worte mit der Wahrheit kollidierten, wäre Nachsicht erwünscht. Das war es wohl, was sie noch sagen wollten.

Dank

Mein erster Dank richtet sich an Dieter Hoffmann für seine zahlreichen Hinweise und seine stete Ermutigung während der Arbeit am Manuskript, auch Klaus Fuchs-Kittowski für ergänzende Details zu Leben und Wirken von Klaus Fuchs sei gedankt, ebenso dem Verlag Dietz in Bonn und Alexander Behrens für sein unbeirrbares Interesse an dem fordernden Thema und, nicht zuletzt, aus dem Kreis der Familie und Freunde allen geduldigen Lesern für ihre kritische Begleitung.

Anmerkungen

1 Heisenberg, Werner und Heisenberg, Elisabeth: »Meine liebe Li«, S. 171.
2 Heisenberg, Werner und Wirtz, Karl: Großversuche, S. 157.
3 Ebd., S. 164.
4 Boveri, Margret: Der Verrat im 20. Jahrhundert, 1960 Band 4, S. 214.
5 Ebd.
6 Bradbury, Norris: Los Alamos, S. 167.
7 Lee, Sabine: Sir Rudolf Peierls, Volume 2, S. 209 ff.
8 Einstein, Albert und Born, Max: Briefwechsel, S. 242.
9 Ebd., S. 246.
10 Lee, Sabine: Sir Rudolf Peierls, Volume 2, S. 622.
11 Ebd., S. 250.
12 Hoffmann, Dieter: Operation Epsilon, S. 350.
13 Weizsäcker von, Carl Friedrich: Zeit und Wissen, S. 1028.

Bildrechte

Foto S. 18 (l.):	picture alliance / PA | PA
Foto S. 18 (r.):	Niels Bohr Archive (Fotograf unbekannt)
Foto S. 182:	picture alliance / SZ Photo | Ingrid von Kruse
Foto S. 185:	picture alliance / dpa-Zentralbild | dpa-Zentralbild
Foto S. 189:	AIP Emilio Segrè Visual Archives, Physics Today Collection
Foto S. 195:	Bundesregierung / Engelbert Reineke

Literatur und andere Quellen

Arnold, Lorna: Britain and the H-Bomb. PALGRAVE 2001.
Bird, Kai und Martin J. Sherwin: J. Robert Oppenheimer. Ullstein 2009.
Bismarck, Otto Fürst von: Gedanken und Erinnerungen, Erster Band. Cotta 1898.
Blom, Philipp: Die zerrissenen Jahre 1918–1938. Hanser 2014.
Boveri, Margret: Der Verrat im 20. Jahrhundert, Band 1 bis 4. Rowohlt 1956, 1957 und 1960.
Bradbury, Norris: Los Alamos – the first 25 Years. In: Reminiscences of Los Alamos 1943–1945. Hg. von L. Badash, J. O. Hirschfelder, H. P. Broida, Boston 1980.
Chevalier, Haakon: Der Mann der Gott sein wollte. Aufbau Verlag 1971.
Close, Frank: The Treachery and Pursuit of the Most Dangerous Spy in History, Penguin 2019.
Conze, Eckart; Frei, Norbert; Hayes, Peter; Zimmermann, Moshe: Das Amt und die Vergangenheit. Karl Blessing Verlag 2010.
Einstein, Albert und Born, Max: Briefwechsel 1916–1955. Nymphenburger 1969.
Flach, Günter und Fuchs-Kittowski, Klaus (Hg.): Vom atomaren Patt zu einer von Atomwaffen freien Welt – Zum Gedenken an Klaus Fuchs. Trafo Wissenschaftsverlag 2012.
Friedmann, Ronald: Klaus Fuchs. Der Mann, der kein Spion war. Ingo Koch Verlag 2005.
Friedrich, Jörg: Der Brand, Deutschland im Bombenkrieg 1940–1945. Propyläen 2002.
Fuchs, Emil: Mein Leben, Erster Teil. Koehler & Amelang 1957.
Fuchs, Emil: Mein Leben, Zweiter Teil. Koehler & Amelang 1959.
Fuchs, Klaus: Theorie – Wahrheit – Wirklichkeit. In: Festband zum 75.
Jahrestag der Entdeckung der Planckschen Energiequanten. Abhandlungen der Akademie der Wissenschaften der DDR, Jahrgang 1977.
Fuchs, Klaus: Dialektischer Materialismus in der Quantentheorie. Annalen der Physik, Band 42, 1985.
Fuchs, Klaus: Kunst einer Strategie. Interview von Peter Kirsten. Wochenzeitung »Sonntag« für Kultur, Politik und Kunst Nr. 5 vom 1.2.1987. Hg. vom Kulturbund der DDR, Aufbau-Verlag Berlin.
Goudsmit, Samuel A.: ALSOS. American Institute of Physics Press 1996.
Greenspan, Nancy Thorndike: Atomic Spy, The Dark Lives of Klaus Fuchs. Pinguin Books 2020.
Handwerk, Agnes und Willems, Harrie: Wolfgang Doeblin – A mathematician rediscovered. Springer VideoMATH 2007.
Heisenberg, Werner und Wirtz, Karl: Großversuche zur Vorbereitung der Konstruktion eines Uranbrenners, in FIAT Review of German Science 1939–1945: Nuclear Physics and Cosmic Rays. Part II, Dieterich'sche Verlagsbuchhandlung, Wiesbaden 1948.
Heisenberg, Werner: Der Teil und das Ganze. Gespräche im Umkreis der Atomphysik. Piper 1969.
Heisenberg, Elisabeth: Das politische Leben eines Unpolitischen, Erinnerungen an Werner Heisenberg. Piper 1980.
Heisenberg, Werner und Heisenberg, Elisabeth: »Meine liebe Li!«, Briefwechsel 1937–1946. Residenz Verlag 2011.
Heisenberg, Werner und Rechenberg, Helmut (Hg.): Deutsche und Jüdische Physik. Piper 1992.
Hentschel, Klaus und Hoffmann, Dieter (Hg.): Carl Friedrich von Weizsäcker: Physik – Philosophie – Friedensforschung. Leopoldina Halle und Wissenschaftliche Verlagsgesellschaft Stuttgart 2015.
Hill, Leonidas E.: Die Weizsäckers – Papiere 1900 – 1932. Propyläen Verlag 1982.
Hoffmann, Dieter: Operation Epsilon, Die Farm-Hall-Protokolle oder die Angst der Alliierten vor der deutschen Atombombe. Rowohlt 1993.

Hoffmann, Dieter: Das Leben danach: Klaus Fuchs in der DDR. In: »Aus Wissenschaftsgeschichte und -theorie«, Verlag für Wissenschafts- und Religionsgeschichte Dr. Michael Engel 2005.
Hoffmann, Dieter: Klaus Fuchs als Remigrant. In:« Ethik in der Wissenschaft – Die Verantwortung der Wissenschaftler. Zum Gedenken an Klaus Fuchs.« Trafo Wissenschaftsverlag 2008.
Hoffmann, Dieter (Hg.): OPERATION EPSILON: Die Farm-Hall-Protokolle erstmals vollständig, ergänzt um zeitgenössische Briefe und weitere Dokumente der 1945 nach England internierten deutschen Atomforscher. GNT Verlag 2023.
Holloway, David: Stalin and the Bomb, The Soviet Union and Atomic Energy 1939–1956. Yale University Press 1994.
Ikeda, Daisaku und Rotblat, Joseph: Auf der Suche nach der Menschlichkeit, der Buddhist und der Nuklearforscher im Dialog. Nymphenburger 2007.
Jungk, Robert: Heller als tausend Sonnen, Das Schicksal der Atomforscher. Scherz 1956.
Jungk, Robert: Trotzdem, Mein Leben für die Zukunft. Hanser 1993.
Kant, Horst: Klaus Fuchs – als britischer Staatsbürger im amerikanischen Manhattan-Projekt. In: »Ethik in der Wissenschaft – Die Verantwortung der Wissenschaftler. Zum Gedenken an Klaus Fuchs.« Trafo Wissenschaftsverlag 2008.
Karlsch, Rainer: Hitlers Bombe, Die geheime Geschichte der deutschen Kernwaffenversuche. Deutsche Verlags-Anstalt 2005.
Laucht, Christoph: Elemental Germans. Klaus Fuchs, Rudolf Peierls and the Making of British Nuclear Culture 1939–1959. Palgrave Macmillan 2012.
Lee, Sabine: THE BETHE – PEIERLS CORRESPONDENCE. World Scientific Publishing 2007.
Lee, Sabine: Sir Rudolph Peierls, Selected Private and Scientific Correspondence Volume 2. World Scientific Publishing 2009.
Lemmerich, Jost: Aufrecht im Sturm der Zeit, Der Physiker James Franck 1882–1964. GNT-Verlag 2007.
Lorenz, Robert: Protest der Physiker. Die »Göttinger Erklärung von 1957. Transcript Verlag 2011.
Moorehead, Alan: Verratenes Atomgeheimnis – Nunn May, Klaus Fuchs, Pontecorvo. Georg Westermann Verlag 1953.
Noack, Hans-Joachim: Die Weizsäckers, Eine deutsche Familie. Pantheon 2021.
Oates, Jonathan: Donald Hume, Notorious Bank Robber and Double Murderer. Pen & Sword Books 2020.
Peierls, Rudolf: Bird of Passage, Recollections of a Physicist. Princeton University Press 1985.
Protokoll: Berliner Begegnung zur Friedensförderung. Akademie der Künste der DDR 1981.
Revill, J. A.: Operation Epsilon: The Farm Hall Transcripts. Institute of Physics Publishing 1993.
Rhodes, Richard: Die Atombombe oder Die Geschichte des 8. Schöpfungstages. Greno Verlagsgesellschaft 1988.
Richter, Wolfgang: Stationierung von U.S. Mittelstreckenraketen in Deutschland. Konzeptioneller Hintergrund und Folgen für die europäische Sicherheit. Friedrich-Ebert-Stiftung Wien 2024.
Rife, Patricia: Lise Meitner, ein Leben für die Wissenschaft. Claassen 1990.
Roberts, Geoffrey: Stalins Kriege, vom Zweiten Weltkrieg zum Kalten Krieg. Patmos 2008.
Sacharow, Andrej: Mein Leben. Piper 1991.
Sauer, Frank: Nukleare Abschreckung. Theorie, Grenzen und Kritik. Bundeszentrale für politische Bildung 2022.
Shifman, Mikhail: Love and Physics – The Peierlses. World Scientific Publishing 2019.
Sime, Ruth Lewin: Lise Meitner, ein Leben für die Physik. Insel 2001.
Tschikow, Wladimir und Kern, Gary: Perseus, Spionage in Los Alamos..Volk und Welt 1996.
Völklein, Ulrich: Die Weizsäckers, Macht und Moral – Porträt einer deutschen Familie. Droemer Verlag 2004.

Walker, Marc: Die Uranmaschine, Mythos und Wirklichkeit der deutschen Atombombe: Goldmann 1992
Weidauer, Walter: Inferno Dresden – Über Lügen und Legenden um die Aktion »Donnerschlag«. Dietz Verlag 1966.
Weisskopf, Victor: Mein Leben. Scherz 1991.
Weizsäcker, Carl Friedrich von: Der Garten des Menschlichen, Beiträge zur geschichtlichen Anthropologie. Hanser 1977.
Weizsäcker, Carl Friedrich von: Bewußseinswandel. Hanser 1988.
Weizsäcker, Carl Friedrich von: Die Tragweite der Wissenschaft. Hirzel Verlag 1990.
Weizsäcker, Carl Friedrich von (Hg.): Die Zukunft des Friedens in Europa, Politische und militärische Voraussetzungen. Hanser 1990.
Weizsäcker, Carl Friedrich von: Zeit und Wissen. Hanser 1992.
Weizsäcker, Carl Friedrich von: Lieber Freund! Lieber Gegner!, Briefe aus fünf Jahrzehnten. Hanser 2002.
Williams, Robert Chadwell: Klaus Fuchs, Atom Spy. Harvard University Press 1987.

Open Access Materialien und Medien

Arnold, Heinrich: Zu einem autobiographischen Brief von Robert Döpel an Fritz Straßmann. Homepage Technische Universität Ilmenau.
Bethe, Hans A.: Comments on The History of the H-Bomb. Homepage Los Alamos National Laboratory 1982.
Flowers, Mary: Atomic Spice: A Partial Autobiography. Homepage University of Edinburgh 2009.
Heinemann-Grüder, Andreas: Die sowjetische Atombombe. Arbeitspapier der Berghof-Stiftung für Konfliktforschung Nr. 40, Berlin 1990.
Hellwig, Joachim: Väter der tausend Sonnen. Dokumentarfilm, DEFA-Studio 1990.
Kant, Horst: Zur Geschichte der Physik an der Reichsuniversität Straßburg in der Zeit des Zweiten Weltkrieges. Homepage Max-Planck-Institut für Wissenschaftsgeschichte 1997.
Mattenklott, Gert: Über Verrat. Homepage Humboldt-Universität zu Berlin, Vorlesung 2007.
Moore, Richard: Rudolf Peierls's »Outline of the Development of the British Tube Alloy Project«: A 1945 Account of the Earliest UK Work on Atomic Energy. Tailor & Francis online 2021.
Mott, Neville: Mott's Memories: Bristol Physics in the 1930s. Homepage University of Bristol.
Niels Bohr Archive: Release of documents relating to 1941 Bohr-Heisenberg meeting, http://www.nbi.dk/nba/2002.
Popp, Manfred: Langsame oder schelle Neutronen. Der Mythos der deutschen Atombombe. Homepage Freie Universität Berlin 2018.
Rhodes, Richard: Hans Bethe's Interview. Homepage Nuclearmuseum 1993.
Schäfer, Wolf: Plutoniumbombe und zivile Atomkraft. Carl Friedrich von Weizsäcker zum Dritten Reich und zur Bundesrepublik. Homepage Nomos-Verlag, Leviathan – Berliner Zeitschrift für Sozialwissenschaft, Heft 3/2013.
Teller, Edward: Seven Hours of Reminiscences. Homepage Los Alamos National Laboratory 1983.
Weizsäcker, Carl Friedrich von: Bedingungen des Friedens. Physikalische Blätter Heft 11 1963, in: WILEY Online Library.

Personenverzeichnis

Abkürzungen

AFZH: Britisches Atomforschungszentrum Harwell, Planungen für die Nutzung der Kernenergie und die Kernwaffen
KWG: Kaiser-Wilhelm-Gesellschaft zur Förderung der Wissenschaften e. V. (bis Kriegsende)
MP: Manhattan-Projekt, hier wurde die amerikanische Atombombe entwickelt und gebaut
MPG: Max-Planck-Gesellschaft zur Förderung der Wissenschaften e. V. (ab 1948)
NPT: Nobelpreisträger
SAP: Sowjetisches Atomwaffenprogramm
UK: United Kingdom
UP: Uranprojekt in Deutschland, hier wurde die Gewinnung von Energie durch Kernspaltung angestrebt, mit Plänen für eine Atombombe

C

D

L

M

N

O

Über den Autor

Peter Kirsten

Peter Kirsten
geb. 1945, Diplomphysiker an der Technischen Universität Dresden und der Humboldt Universität Berlin, Wissenschaftsredakteur beim Deutschlandradio / Deutschlandfunk, freier Journalist und Autor. Er lebt in Berlin und im Oderbruch.